오늘이
여행입니다

나를 일으켜 세워준 예술가들의 숨결과 하나 된 여정

오늘이 여행입니다

초판 1쇄 인쇄 2021년 11월 8일
초판 1쇄 발행 2021년 11월 16일

지은이 유지안

발행인 백유미 조영석
발행처 (주)라온아시아
주소 서울특별시 서초구 효령로 34길 4, 프린스효령빌딩 5F

등록 2016년 7월 5일 제 2016-000141호
전화 070-7600-8230 **팩스** 070-4754-2473

값 15,000**원**
ISBN 979-11-92072-03-6 (03980)

※ 라온북은 (주)라온아시아의 퍼스널 브랜드입니다.

오늘이 여행입니다

유지안 지음

RAON BOOK

그대, 그토록 간절하게 바라던 바람이 되기를

바람이 되기로 하다

내가 가장 의지한 존재이자 남편을 떠나 보냈다. 3일 만에 아버지마저 보내드렸다. 나를 지탱해주던 두 기둥이 한꺼번에 뽑혀버린 것이다. 준비된 이별이니까 잘 견뎌질 거라는 믿음은 전혀 위로가 되지 않았다.

남편이 떠난 지 정확히 1년, 나는 결국 무너졌고 큰 수술을 받았다. 혹시나 공부를 하다 보면 상실과 육체의 고통을 잊을 수 있을까 싶어, 투병 생활을 해야 하는 나를 케어하기 위해 데려간 친구 춘숙 부부 곁에서 대학원에 입학해 창작을 공부했다.

공부를 마친 후 나는 완치가 안 된 상태에서 홀연히 세계 여행을 떠났다. 그것은 전혀 예상치 못한 삶에 대한 반란이었다. 남편은 생의 마지막 순간까지 간절하게 바람이 되고 싶어 했다. 소원을 들어주지 못한 나에게 남편의 유언은 숙제 같은 것이었는데, 문득 남편 대신 바람이 되기로 마음을 먹었다. 2017년 1월, 자칭 3명의 '작당녀(레지던스에서 만난 소설가, 극작가)'들의 9박 10일간의 오스트리아 여행이 위태롭던 내 삶 속으로 들어와 작은 불씨를 지핀 것이다.

"아들, 우리 세계 여행 떠날까?"

1초의 망설임도 없이 "OK"라고 대답하던 아들. 그제야 나의 삶이 심연 속으로 침몰되어가는 동안 잊고 있었던 아들의 아픔이 비로소 보이기 시작했다. 아빠에게 신체 일부를 내어주고도 아빠를 잃어야 했던 아들의 아픔 또한 얼마나 컸을까……. 스스로 견뎌낼 수 있는 시간을 주자. 우리는 그렇게 1년 동안 상처에 바람을 쏘이고 햇볕을 쬐어주기로 했다.

아들이 장기간 한국을 떠나 있을 상황을 준비하는 동안 나는 몽골 고비에 다녀오기로 했다. 병원에서 극구 만류하던 첫 목적지 인도로 가기 위해서 열악한 환경에 적응해낼 수 있을지에 대한 나름의 애피타이저(appetizer) 여행이었다. 13박 14일, 남편의 숨결을 품고 몽골의 초원을 달렸다. 바가 가즈링 촐로(Baga Gazarin Chuluu), 별이 쏟아지는 밤하늘 아래서 남편의 숨결 한 움큼을 초원에 놓았다.

'그대, 그토록 간절하게 바라던 바람이 되기를!'

남편의 영혼이 하늘 높이 날아오르는 순간 나의 심장은 바람이 되었다.

가슴이 하는 소리를 들어봐

남편의 사진 30장을 배낭에 넣었다. 세계 곳곳의 아름다운 곳에 남편의 숨결을 내려놓고 올 심산이었다.

"아들, 머리카락 어떻게 된 거야?"

"자유를 위해 버렸어."

자유를 위한 삭발이라니, 그 용기가 부러웠다. 문득 자유의 무게가 궁금해졌다.

"엄마, 배낭 들어주는 일 없을 테니 자유롭고 싶거든 덜어내고 가는 게 좋을걸요."

아들에게 따끔하게 한 수 배우면서 여행은 시작되었지만 결국 인도와 이집트를 마지막으로 아들과의 동행은 끝나버렸다. 아들에게 한없이 기대고 있는 나를 발견한 순간 여행의 목적은 방향을 잃고 휘청거리고 있었기 때문이다.

'지금 간절히 원하는 것이 무엇인지 가슴에 귀를 대고 들어봐.'

길 위에서 나 자신에게 끊임없이 질문했다. 옹이가 되어 박힌 두려움을

* 아들의 배낭 무게는 7킬로그램. 1년을 계획한 여행 짐의 전부였다. 17킬로그램인 내 배낭의 무게가 버겁게 느껴졌다.

가슴팍에서 뽑아내는 일, 어느 길에서든 주저앉아 감각을 줍는 일, 생(生)의 의미를 되찾는 일, 내 안에 잠재되어 있던 그 무언가가 꿈틀거리기 시작했다.

사장(死藏)된 세포를 깨워준 지성(知性)의 별들을 만나다

그렇게 아들과 헤어진 후 터키 이스탄불(Istanbul)에서부터 '내 생애 첫 혼자만의 여행'이 시작됐다. 언어가 되는 것도 아니었고 용기가 있는 것도 아니었다. 가슴이 시키는 대로 하다가 길 위에서 죽어도 좋으리라는 다짐뿐이었다.

소설가 오르한 파무크의 '순수 박물관'에서 받았던 위로는 사장된 세포들을 깨우기 시작했다. 나를 일으켜 세울 수 있는 것은 예술가들의 숨결을 듣기 위한 여정임을 느끼는 순간이었다.

100여 곳의 예술가의 생가와 작업실 등을 찾아다니며 상실과 육체의 고통을 조금씩 치유받기 시작했고 그 여정이 너무도 행복했다. 내 안에 숨겨져 있던 용기와 열정, 도전 정신과 친화력, 끼를 발견할 수 있었던 것은 혼자만의 여행이 아니었으면 결코 발견하지 못하고 사장될 것들이었다. 여행의 목적지는 타인의 말을 참고할 뿐 자신이 선택해야 한다. 그럼으로써 행복을 얻고 나를 위로하고 치유할 수 있는 여정이 될 수 있다.

책에 실린 33명의 예술가들은 마치 나라를 구하고자 한 민족대표 33인처럼 생을 놓아버리고 싶었던 순간 나를 구해준 예술인들로 선택했다. 어떤 이유로든 상실의 늪에서 희망을 다시 소환하여 살아가고자 하는 이들에게 길 위에서 얻게 된 살아 있는 체험을 들려주고 싶다. '상실에 대한 복구'는 자신만의 방식으로 충분한 애도의 시간을 가진 후에야 가능하며 비로소 새로운 생(生)의 길을 갈 수 있다는 것을 말하고 싶다.

더불어 문학과 예술에 관심이 있는 사람들과 혼자만의 세계 여행을 꿈꾸면서도 두려움으로 과감히 시도하지 못하는 사람들에게 내 경험이 도움이 되기를 바란다. 언어가 되지 않아도 각오만 된다면 누구나 혼자만의 세계 여행을 할 수 있다.

약 3년간의 긴 여행에는 스스럼없이 다가와 내게 기적을 안겨준 많은 사람들이 있다. 코로나 팬데믹으로 여행 1,000일을 채우지 못하고 돌아오게 되어 못내 아쉽지만, 언젠가는 나의 이국 친구들을 만나는 일정으로 또다시 여행을 하리라. 여행은 결국 사람이 있었음이다.

특별히 위험한 상황에 처하지 않고 무사 귀환할 수 있었던 것은 아들 그리고 형제들과 친구들, 은사님, 많은 지인들의 진심 어린 기도 덕분이다. 새로운 도시에서 만나는 첫 교회마다 방문해 그들의 행복을 위해 기도하는 일은 여행 중에 큰 힘이 되어주었다.

그들 모두에게 그리고 하늘나라에서 미소 짓고 있을 나의 친구 남편에게 이 글을 바친다.

유지안

차례

1장
자유롭게 떠나다

2장

위로하고 치유하다

3장

궁정의 힘을 가지다

4장

용기로 도전하고 극복하다

5장

현재 그리고 미래

인류의 별들을 만난 시간, 900일 여행 루트

900일의 시간 동안 31개 나라와 160개 도시를 다녀왔다. 그 중 터키, 영국, 프랑스, 러시아, 벨기에, 에스토니아는 2~3번 정도 방문했다. 2년이 넘는 기간 동안 혼자의 시간은 내 마음은 더욱 단단하게 만들었다.

1. 인도 고아 보그말로, 베놀림 - 뭄바이 - 우다이푸르 - 푸쉬카르 - 바라나시 - 아그라 - 델리
2. 이집트 가자지구 - 바하리야 사막 - 카이로 - 후르가다
3. 터키 1차 이스탄불 - 사프란볼루 - 셀추크 - 이즈미르 - 이스탄불
4. 조지아 트빌리시 - 시그나기 - 카즈베기 - 음츠헤타
5. 미국 뉴욕 - 유니언시티 - 보스턴 - 로스앤젤레스 - 샌타페이 - 앨버커키 - 오스틴 - 휴스턴 - 뉴올리언스 - 멤피스 - 애틀랜타 - 키웨스트 - 마이애미 - 콩코드 - 애머스트 - 베닝턴 - 올버니
6. 캐나다 몬트리올 - 핼리팩스 - 샬럿타운 - 캐번디시 - 멍크턴 - 핼리팩스 - 퀘벡 - 오타와 - 토론토 - 위니펙 - 캘거리 - 밴프 - 빅토리아 - 밴쿠버
7. 영국 1차 런던 - 루이스 - 올턴 - 배스 - 글로스터 - 스트랫퍼드어폰에이번 - 하워스 - 호크스헤드 - 글래스고
8. 스웨덴 스톡홀름 - 나카 - 빔메르뷔 - 스톡홀름 - 웁살라 - 스톡홀름
9. 프랑스 1차 파리 - 토르시 - 리옹 - 엑상프로방스 - 마르세유 - 아를 - 님 - 파리

10. 이탈리아 로마 - 피사 - 리보르노 - 피렌체 - 밀라노 - 베로나 - 베니스 - 나폴리 - 폼페이

11. 터키 2차 이즈미르 - 셀추크 - 세페리히사르 - 뒤즈제 - 볼루 - 쿠샤다스 - 파무칼레 - 안탈리아 - 코니아 - 카파도키아 - 괴레메 - 앙카라

12. 러시아 1차 모스크바 - 툴라 - 세르기예프포사트 - 오딘초보 - 상트페테르부르크

13. 핀란드 헬싱키 - 포르보 - 수오멘린나

14. 에스토니아 탈린

15. 라트비아 리가

16. 리투아니아 빌뉴스

17. 폴란드 바르샤바 - 젤라조바 볼라 - 크라쿠프 - 오시비엥침 - 바도비체 - 비엘리치카

18. 독일 베를린 - 라이프치히 - 나움부르크 - 츠비카우 - 바이센펠스 - 뢰켄 - 바이마르 - 프랑크푸르트 - 칼브 - 마울브론 - 본 - 쾰른 - 뒤셀도르프

19. 네덜란드 암스테르담 - 쥔더르트 - 틸뷔르흐 - 뉘넌

20. 벨기에 1차 브뤼셀 - 몽스

21. 프랑스 2차 샤를빌메지에르 - 오베르쉬르우아즈 - 파리

22. 영국 2차 런던 - 레이턴스톤 - 옥스퍼드 - 코번트리 - 버밍엄 - 맨체스터 - 리버풀

23. 아일랜드 더블린 - 슬라이고 - 골웨이 - 고트 - 코크

24. 북아일랜드 벨파스트 - 런던데리

25. 스코틀랜드 에든버러

26. 영국 3차 런던

27. 프랑스 3차 칼레 - 아미앵 - 파리 - 루앙 - 뫼동 - 오를레앙 - 랭스 - 앙부아즈 - 루르드 - 카르카손 - 파리

28. 벨기에 2차 리에주

29. 룩셈부르크 룩셈부르크

30. 러시아 2차 상트페테르부르크

31. 에스토니아 2차 나르바

1장

자유롭게 떠나다

혼자만의 여행을 시작하다
터키 이스탄불

주사위를 던지다

이집트 후루가다에서 밤 비행기를 타고 2017년 12월 11일 아침 터키 이스탄불 아타튀르크 국제공항에 도착했다. 혼자만의 여행! 막상 현실로 다가오니 초긴장 상태가 되는 건 어쩔 수 없나 보다.

"아들, 리라 인출하고 유심칩 사는 것까지만 도와줄 수 있어?" "지금부터 시작이에요. 엄마가 알아서 직접 하세요." 아들의 냉정함에 눈물이 쏟아지려고 했다. 내가 선택해놓고 서운한 마음이 드는 건 무슨 심리일까!

오기가 생겼다. 침착하게 리라부터 인출하고 유심칩을 구매하여 갈아끼우기까지, 좀 더디긴 했지만 순조롭게 해결을 하고 나니 작은 용기가 생기기 시작했다. 구글 맵을 이용하여 공항버스를 타고 탁심 광장에서 하차하여 예약된 숙소까지 도착했다. 혼자 해냈다는 뿌듯함에 가슴이 뜨거워졌다.

"엄마, 잘 해내세요." 숙소로 들어가는 것을 보고 가겠노라며 따라왔다가 뒤돌아서는 아들의 뒷모습을 보고 있노라니 눈물이 쏟아졌다. 1년

* 혼자만의 여행을 결심하고 홀로 걷다.
* 2017년 인도 뭄바이에서 우다이푸르로 가는 기차 안. 사색에 빠져 글을 쓰는 아들은 남편을 빼닮았다. 때때로 내게 조언을 하는 것조차도 말이다.

계획으로 아들과 함께 출발했던 여행은 두 달 만에 막을 내렸다. 나의 가장 소중한 친구인 남편을 잃고 3일 만에 아버지마저 잃었던 나는 상실의 고통을 감내하지 못했다. 모든 것을 놓아버린 후 나의 삶이 휘청거리고 있을 때 무심코 던진 말에 아들과 떠나온 여행길에서, 나는 온전히 혼자가 되는 여행을 하기로 용기를 냈다. 내가 의지한, 든든했던 존재가 뒷모습을 보이며 저만치 멀어져가고 있었다.

혼자 하는 여행의 시작

두려움과 맞설 준비를 하는 동안 한인 숙소에서 머물기로 했다. 호스트 지마 씨는 인상 좋아 보였고, 거실 창을 통해 눈에 들어온 보스포루스해협은 내 눈을 사로잡았다. 배낭족들이 주로 묵는다는 지마 씨의 아파트는 단연 최고의 뷰를 자랑하고 있었다. 한 달간 머물 도미토리(dormitory, 공동 침실) 룸은 여행을 시작하고 처음으로 타인과 함께 지내게 될 공간이다. 어떤 친구들을 만나게 될지 새로운 세계에 대한 기대로 마

* 지마 씨의 한인 숙소에서 바라본 보스포루스해협은 너무도 아름다운 뷰를 자랑한다(지마 씨 촬영).

음이 설렌다. 혼자 살아낼 용기를 얻기 위해 철저하게 혼자가 되기로 결심한 순간, 자유에 대한 갈망은 간절해지기 시작했나 보다. 조금 전까지만 해도 아들과 헤어지고 생긴 슬픈 자리에 어느새 홀가분함이 들어차고 있으니 말이다.

여장(旅裝)을 풀고 주변 길부터 익히고자 숙소를 나섰다. 자연스럽게 다가오는 고양이들, 미처 관심 있게 보지 못한 진풍경이다. 이스탄불에서 고양이들은 영혼 같은 존재라는데 사람들과 자연스럽게 어울려 살고 있는 이들의 관계가 궁금해지기 시작했다. 어느 날 기적처럼 찾아와 가족이 된 후로 소소한 행복을 안겨주던 두 마리 고양이, 남편과 함께 딸처럼 키우던 '아리'와 '아루'에 대한 그리움으로 울컥했다.

탁심 광장에 있는 극장 앞에서 한 포스터가 눈에 띄었다. 포스터 속 동양인 꼬마 소녀가 걸음을 멈추게 한다. 한국전쟁 터키 참전병과 다섯 살 전쟁고아의 이야기를 담은 영화 <아일라(Ayla)>의 그 소녀다. 영화는 상실의 고통 앞에서 안식처가 되어주곤 한다. 형제의 나라 터키에서 보게 된 영화는 내 마음속에 웅크리고 있던 두려움을 어느새 물러가게 하고 나를 안심시키기 시작했다. 혼자만의 나의 첫 여행은 운명처럼 선택한 터키 이스탄불에서 그렇게 시작되고 있었다.

누군가를 사랑한다면

"엄마, 하고 싶은 것을 한꺼번에 하려다 보면 기억 장치에도 문제가 생겨요." 아들은 늘 머릿속이 복잡한 나를 위해 염려의 말을 하곤 했다. 아들의 말에 공감하면서도 고쳐지지 않는 습관 때문에 내 머리는 늘 피로하다. 흐린 날씨를 핑계 삼아 숙소에서 쉬면서 노벨문학상 수상 작가 오르한 파무크(Orhan Pamuk, 1952~)의 《순수 박물관》을 읽었다. '퓌순'이라는 여자를 44일 동안 사랑하고 그녀를 찾아 339일 동안 헤매며 그녀만을 바라보며 살았던 '케말'이라는 남자의 30년에 걸친 지독한 사랑 이야기를 바탕으로 탄생된 소설은 그렇게 내 심장 속으로 들어왔다. 마지막 페이지를 닫으면서 소설 속 배경지를 찾아가보고 싶다는 생각에 사로잡혔다.

희생절(이슬람교의 중요한 축제 중 하나로, 이슬람력 12월 10일부터 4일간 열린다)에 케말이 열두 살 퓌순과 함께 걸었다던 니샨타쉬(Nişantaşı) 광장까지는 숙소 앞에서 도보로 약 30분 정도 걸렸다. 광장 앞에 케말과 퓌순이 함께 들렀던 테쉬비키예(Tesvikiye) 사원의 거대한 흰색 기둥이 눈에 띈다. 오스만 시대에 건축되었다는 사원은 유명 인사들의 장례식이 열리는 곳으로, 작가가 어린 시절 가족과 함께 다녔던 곳이기도 하다. 사원 안으로 들어가 무릎을 꿇고 앉았다.

"누군가를 아주 사랑한다면 그를 위해 우리의 가장 귀중한 것을 내어주어도 그로부터 해가 오지 않는다는 것을 우리는 알아. 희생이란 바로 이런 거야."

— 선지자 아브라함의 대사를 인용하여 케말이 한 말, 《순수 박물관 1권》, 민음사, 2010, 73쪽

상실의 고통은 내 몸과 삶에 파고들었다. 내가 가장 신뢰하는 친구였던 남편을 잃었던 슬픔은 나를 잔인하게 무너트렸다. '남편과의 사별은 절대 없을 것'이라는 막연한 기대와 '신체 일부를 한 치의 망설임도 없이 아버지에게 내어준 아들의 고귀한 희생을 하늘은 절대 의미 없게 만들지 않을 것이다'라는 믿음 때문이었으리라. 그 믿음이 무너진 후로 나는 혼돈 속으로 침몰되어가고 있었다. '이 여행의 끝자락에서 마음이 평온해지기를'이라고 되뇌면서도 하염없이 눈물이 흘렀다.

여행의 방향을 정하다

케말로부터 상실의 아픔을 극복하는 방법을 묻고 싶어 '순수 박물관'으로 향했다. 박물관은 파무크의 소설 속 주인공들의 이야기로 가득 채워진 곳이다. 퓌순의 손길이 스쳤을 법한 물건들을 수집하면서 소설을 집필했다는 작가는 내게 어떤 조언을 해줄까?

추쿨 주마(Çukur Cuma) 골목에 강렬한 빨간색 3층 건물이 우뚝 솟아 있다. 박물관 안으로 들어서자 가장 먼저 눈에 들어온 건 오른쪽 벽을 가득 메우고 있는 담배꽁초들이다. 케말이 8년 동안 모았다는 4,213개의 퓌순의 립스틱이 묻은 담배꽁초들인데, 날짜에 대한 기록과 함께 질서정연하

* 《순수 박물관》을 집필하는 동안 파무크는 소설 속 주인공 퓌순과 관련된 추억이 담긴 물건들을 모아 이 집에 전시했다.

* 퓌순이 입었던 원피스가 눈에 띈다. 파무크는 이 원피스의 디자인을 직접 그렸고 옷을 진열할 곳에 대해 기록하고 있다.

* 퓌순의 립스틱이 묻은 4,213개의 담배꽁초다. 케말은 담배꽁초를 8년 동안 모았다고 되어 있다.

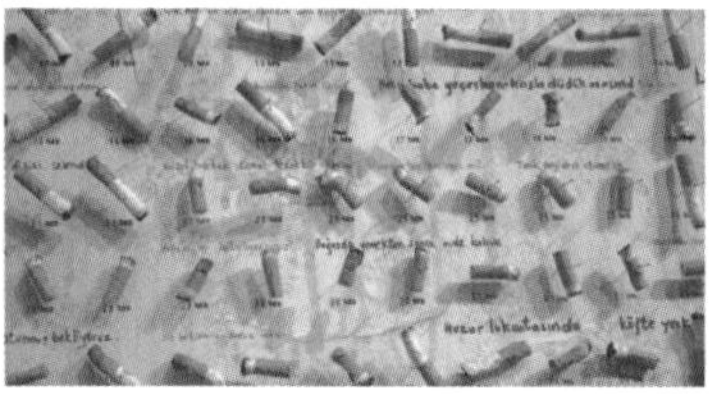

게 꽂혀 있다. '퓌순이 담배를 끌 때 느꼈을 강렬한 감정의 증거'를 수집하기 위한 것(《순수박물관 2권》, 민음사, 2010, 203쪽)이라니, 빨간색 립스틱 자국에 배어 있을 퓌순의 슬픔과 행복한 감정들이 상상되어져 뭉클했다.

2~3층을 가득 채우고 있는 퓌순과 관련된 추억의 물건들은 감동을 넘어 전율이 느껴질 정도다. '어떤 틀에 넣어 영원히 바라보고 싶고, 잃고 싶지 않았다'던 케말은 상실의 아픔을 잊기 위해 사물에 깃든 그녀의 모든 흔적을 완벽하게 소유하고 있었다.

가장 행복한 순간, 다시는 오지 않을 것이라는 것을 알기에 고통을 받는다. 이 고통을 견딜 수 있게 하는 유일한 방법은 황홀한 순간이 남긴 물건을 소유하는 것이다. 행복한 순간들 이후에 남겨진 물건은 그 순간의 기억과 색깔, 희열, 행복을 충실히 간직하고 있다.

— 《순수 박물관 1권》, 민음사, 2010, 125~126쪽.

'우리가 함께했던 순간들을 남긴 남편의 유산이 상실의 고통을 견딜 수 있게 해주리라'는 희망은 내가 가야 할 여행의 방향을 제시해주고 있었다. 남편은 "내가 떠난 후에 다시 글을 쓰고 그림을 그리는 일을 절대 손에서 놓지 말기를…"이라는 유언을 남겼다. 남편의 유언은 그렇게 예술가들의 영혼을 만나기 위한 여정으로 내가 가야 할 길을 정했다. 길고도 슬픈 침묵의 시간, 미래에 대한 희망으로 가슴이 따뜻해지기 시작했다.

나의 제자, 나의 친구

"선생님~" 제자 연지가 숙소로 들어선다. 인도 바라나시(Varanasi)에서 빗겨간 제자와의 만남이 운명처럼 다가왔다. 연지는 지마 씨 숙소에서 한 달간 스태프(staff)를 하기로 되어 있었다고 했다. 이국에서 제자를 만나게 되리라고는 미처 상상하지 못했다.

며칠 전 하맘(hamam, 터키 전통 목욕탕)에서 나를 안아주던 제자의 따뜻한 온기가 내 안으로 들어오던 순간을 잊지 않고 있다. 제자의 눈물이 내 눈물 사이로 들어왔을 때 나는 마음속 깊은 공감을 할 수 있었다. 그 작은 어린아이가 어느새 훌쩍 성장하여 마치 인생 선배처럼 자신을 가르치던 스승의 아픔을 위로하고 있다. "각자의 우주는, 서로가 서로에게 새로운 세계를 열어주는 방식으로 좀 더 넓어지고 아름다워져요"라고 했던 제자는 자신만의 방식으로 내 손을 잡고 아픔을 이겨낼 수 있는 세계로 나를 이끌고 있었다. 제자의 말은 혼자 여행을 결심한 내게 큰 용기를 주었다. '그래, 여행에는 분명 치유의 힘이 있다는 희망을 품고 용기 있게 출발하리라.'

* 지마 씨 숙소에서 한 달을 함께 지내게 된 제자는 2018년 2월 9일 조지아 트빌리시에서 다시 만나 카즈베기 설산 정상에 있는 츠민다 사메바 성당에 올랐다. 성녀 노니의 십자가 목걸이를 걸어주며 나의 안전한 여행과 행운을 빌어주던 제자는 내게 다가온 기적이었다.

조지아 오키프의 그림처럼
미국 샌타페이

강렬한 매혹의 땅

2018년 3월 28일, 미국을 여행한 지 38일 만에 미국 LA 유니온(Union) 역에서 친구 건옥과 아쉬운 이별의 포옹을 했다. 쉼이 길어지면 안락함 속에서 안주하고 싶어지는 게 인지상정이거늘……. 그녀의 평온함 속에서 충전된 에너지를 품고 다시 길 위에 섰다. 쓸쓸한 뒷모습을 보이고 싶지 않아 다그쳐 그녀를 보내놓고 미국 대륙횡단 열차 암트랙(Amtrak)에 올랐다. '어떤 세상이 또다시 눈앞으로 다가올까?' 하는 미지의 세계에 대한 기대는 마음을 흥분시키기에 충분했다.

승무원의 안내로 2층에서 자리를 찾아 앉은 후 마음이 차분해지자 기차 안에서 1박을 해야 하는 상황이 약간의 두려움으로 다가왔다. 아직 단단해지지 못한 나는 새롭게 마주할 세상 앞에서 두려움으로 긴장했다.

"어디까지 가나요?" 옆에 앉은 남자가 미소 지으며 물었다. "뉴멕시코 라미(Lamy)역!" 대각선 쪽에 앉아 있는 그의 아내와 여자아이의 따뜻한 미소가 나를 무장해제시킨다.

＊ 샌타페이 조지아 오키프 뮤지엄

샌타페이(Santa Fe)의 따스한 햇살이 살갗을 뚫고 들어와 온몸의 세포들을 깨운다. 새파란 하늘 아래 펼쳐진 어도비(Adobe, 흙에 돌이나 짚을 섞어 반죽하고 말린 후 쌓아올려서 지은 집) 양식의 붉은색 건물들은 파란색 하늘과 대비를 이루어 이국적인 분위기가 느껴졌다. 숙소까지 버스를 타고 쉽게 갈 수도 있었지만 걷는 즐거움을 알아버린 나는 다소 무거운 배낭을 메고 걸을 수 있는 데까지 걷기로 했다. 인적이 드문 길을 홀로 걷는다는 것은 때로는 고독하고 힘겨운 일이지만 나는 하염없이 걸었다. '무엇을 버리고 싶고 무엇을 줍고 싶은지 생각해봐!'라는 마음의 소리가 들리는 듯했다.

여행은 끊임없이 화두를 나에게 던지는 듯했다. 나를 이곳으로 이끌었던 존재는 조지아 오키프(Georgia O'Keeffe, 1887~1986)였다. 그녀의 강한 생명력을 얻을 수 있다면 얼마나 좋을까. 태양처럼 강한 이미지의 도시 샌타페이, 사막에서도 꽃을 피울 수 있는 매혹의 땅을 밟는 순간 내 가슴은 이미 뜨거워지고 있었다.

* 오스트리아 여행에서 내게 큰 영감을 준 조지아 오키프의 〈흰 독말풀〉

삶이 요란함이라면 죽음은 고요해지는 것

오스트리아를 여행했을 당시 빈 미술관에서 보게 된 조지아 오키프의 〈흰 독말풀〉은 내 뇌리에 너무도 강렬하게 남아 있던 터였다. 어떤 강한 이끌림, 화면을 가득 채운 하얀 꽃 한 송이가 내 안으로 들어와 빈 가슴을 가득 채우는 듯했던 그 느낌은 오랫동안 강한 유혹이 되었다. 두개골, 짐승의 뼈, 식물의 기관 등 그녀의 작품들은 독창적이면서 강한 생명력을 가졌다.

화가의 작품들은 내게 상처와 고통을 치유해가는 한 남자의 이야기를 그린 영화 〈나는 사랑과 시간과 죽음을 만났다〉(2016)의 명대사 "제대로 볼 수만 있다면 정말로 죽은 건 아무것도 없다"를 떠올리게 했다.

화가의 작품을 관통하는 주제는 죽음에 생명을 불어넣는 것이다. 〈흰 장미와 말 두개골〉, 〈램의 머리, 푸른 나팔꽃〉 앞에서 삶과 죽음을 생각했다. 삶이 요란한 것이라면 죽음은 고요해지는 것이다. 그러나 고요함에 생을 입히면 그 죽음은 다시 요란한 세상 속으로 나온다. 내가 본 조지아 오키프는 죽음을 생으로 부활시킨 화가였다. '죽음을 저토록 아름답게 이미지화할 수 있다니……' 그녀 안에서 강렬하게 타올랐을 에너지를 생각한다. 동물의 골반뼈를 이미지화하여 그린 추상화 〈골반 시리즈, 빨간색과 노란색〉 앞에 서 있는 노년의 화가는 어느새 나의 노년을 꿈꾸게 하는 로망이 되고 있었다.

화가가 되고 싶었지만 꿈을 접어야 했던 여고 시절, 노을 지는 교실 창가에 앉아 하염없이 울었던 그 아픈 기억을 오랫동안 잊지 못했다. 세월이 흘러 어느 순간부터 나는 그림을 그리기 시작했고 그때의 행복한 떨림을 지금도 나는 잊지 못한다. '상실의 아픔으로 죽어 있는 꿈에 다시 생을 입힐 수 있을까?' 조지아 오키프에게 안식처가 되어주었던 이 아름다운 사막과 자연 앞에서 화가에게 나의 희망의 길을 묻는다.

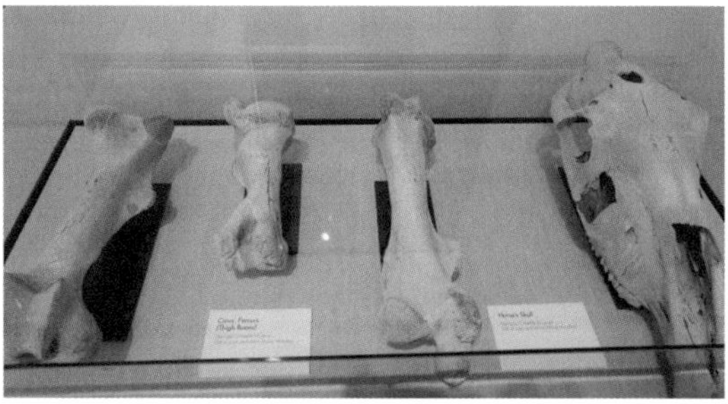

* 〈흰 장미와 말 두개골〉 같은 화가의 그림 소재가 된 야생동물의 뼈

* 〈달로 가는 사다리〉를 연상케 하는 조지아 오키프 하우스에 있는 사다리

희망을 꿈꾸어도 좋으리

샌타페이에서 버스로 2시간 정도 이동하면 아비키우(Abiquiu)에 조지아 오키프의 집과 스튜디오가 있다. 단층 어도비 구조로 지어진 이 집에서 화가는 1943년부터 98세로 사망할 때까지 살았다고 한다. 주변 경관을 조망할 수 있는 넓은 창을 가진 그녀의 집은 파란 하늘, 흰 구름 그리고 붉은 절벽과 잘 어울리는 곳이다. 이 집에서 자연과 하나가 되어 살았을 아름다운 노년의 화가를 상상해본다. 나이가 들어 시력이 좋지 않게 되자 생생한 느낌과 빛 등 기억 속에서 사물을 찾아 도자기를 빚었다는 화가. 누군가에겐 평범하지 않을 삶이 그녀의 자유로운 영혼 속에서 꺼지지 않고 있었던 듯하다. 바로 그녀의 '나의 집'에서 말이다.

시골에는 내가 태어나고 자란 '나의 집'이 있다. 종종 꿈을 꾸기도 하고 눈을 감으면 마치 현실처럼 자그마한 여자아이가 마당에서 놀던 모습이 선명하게 그려지곤 하는 집. 마당 평상에 앉아 별을 세던 때, 그곳에서 나는 많은 꿈을 키웠다. 돌아가시기 1년 전 그곳에 예쁜 집을 짓고 싶어 하셨던 아버지의 간절했던 마음을 그때는 왜 절실하게 느끼지 못했을까? 이제야 아버지의 깊은 뜻을 조금은 알 것 같아 회한의 눈물이 난다.

아버지는 '인생의 반 이상을 살았던 그 집을 막내딸이 지키면서 살았으면' 하고 바라셨으리라. 나는 오키프의 집을 보면서 아버지를 그리고 '나의 집'을 떠올렸다. 조용하고 한적한 곳에 자리한 '나의 집'에서 오키프처럼 <구름 위의 하늘>과 <달로 가는 사다리>를 그리면서 나의 노년의 꿈을 맡겨도 좋을 것 같다. 하얀 구름이 떠다니는 파란 하늘을 향해 집 담에 걸쳐 서 있는 사다리를 보면서 내 앞에 펼쳐질 새로운 희망을 꿈꾼다.

이곳으로 와서 그림을 그리라고요?

샌타페이에는 300여 개의 갤러리가 있는데 캐넌 로드(Canyon Road)에만 100여 개의 갤러리가 있다고 한다. 어도비 집과 독특한 작품들이 전시된 공간은 미술관이라 해도 될 듯했다.

"안녕하세요, 당신 작품을 봐도 되나요?" 뉴멕시코에서 자라는 칠리 고추를 매달아놓은 갤러리 정원에 앉아서 무언가 열심히 적고 있는 백발의 남자에게 다가갔다. 자신을 사진작가 토니 보난노(Tony Bonanno)라고 소개한 그는 아메리카, 쿠바, 아프리카 등의 토착민들과 그들의 문화 등을 찍는, 그 지역에서는 꽤나 유명한 사진작가였다. 특히 '발굽 및 먼지' 시리즈로 달리는 말의 아름다움과 리듬을 포착하여 찍은 사진들은 유명한 사진들이라고 한다. 말을 채찍질하며 달리는 사람들을 포착한 사진들을 보노라니 마치 서부영화 한 편을 보고 있는 느낌이었다. 에너지가 뿜어 나올 듯한 역동적인 느낌이 들어 넋을 놓고 바라보았다.

그가 내게 무엇을 하는 사람이냐고 물었다. 한때는 그림을 그렸노라고 대답했다. "와우! 당신 이곳으로 와서 그림을 그리십시오." "리얼리(Really)?" 내가 놀라는 척(샌타페이는 나를 강하게 유혹했다)하자 그가 껄껄껄 웃으며 "리얼리!"라고 한다. 그가 건네주는 빨간 사과 1개와 사인 엽서를 받아들고 거리로 나왔다.

꽃처럼 시들게요

62번지 갤러리 앞 창턱에 노년의 여성이 앉아 책을 읽고 있다. 하얀 자작나무를 주로 그리는 화가의 집인 듯, 갤러리 안에는 자작나무 그림들

* 사진작가 토니 보난노
* 캐넌 로드 62번지 갤러리 앞에서 책을 읽고 있는 노년의 여성

로 가득 차 있다. 눈부시게 하얀 자작나무 숲에 앉아 빛나는 햇살을 온몸으로 받으며 책을 읽는 노년의 나를 상상했다. 아름다운 그녀의 모습에 마음을 빼앗긴 나는 길 반대편에서 앉아 한참을 바라보았다. '흰 머리카락과 주름 가득한 얼굴이 저토록 아름다울 수도 있구나.' 오늘 만난 두 노년의 아름다운 모습을 생각하면서 '새로운 희망을 품어도 되겠다' 싶었다. 나의 노년도 아름다울 수 있다는 희망 말이다.

'거동이 어려워지기 전까지 그림 그리는 일을 손에서 놓지 말기를….' 나의 노년은 어쩌면 남편이 남긴 유언대로 흘러가리라. 가슴속에 품고 온 남편이 남긴 유언들은 순간순간 밖으로 나와 내 심장을 털컥거리게 한다.

남편은 유언장에 이렇게 썼다. "하얀 당신을 안개꽃으로 명명하여 내 젊음을 바쳤지. 너무 하얘서 쉽게 상처받을 당신을 두고 떠나게 되어 미안해. 당신의 일상에 큰 변화가 오더라도 안개꽃으로 살기를 소원한다."

'당신! 보고 있나요? 나 잘 해내고 있지요? 당신의 하얀 안개꽃으로 살다가 꽃처럼 시들게요.' 나의 소망은 해질녘 남편의 손을 잡고 오솔길을 산책하며 사는 지극히 소박한 삶이었다. 남편이 떠나기 전에는 한 번도 생각해보지 않았던 혼자된 노년의 삶을 운명처럼 준비하고 있었나 보다. 내 안에 둥지를 튼 고통이, 자리를 훌훌 털고 일어나 나의 본 모습을 드러낼 때 행복을 꿈꾸기보다는 조용하고 잔잔한 삶을 꿈꾸며 오늘도 나는 사막을 걷는다.

모딜리아니의 집을 방문하다
이탈리아 리보르노

지안! 당신이 부러워요

2018년 12월 8일, 이탈리아 피사(Pisa)를 떠나 기차를 타고 아메데오 모딜리아니(Amedeo Modigliani, 1884~1920)의 생가가 있는 리보르노로 향했다. 역에서 숙소 에어비앤비까지는 구글 맵을 이용하여 어렵지 않게 찾아갈 수 있었다. 호스트 줄리아노가 인자한 모습으로 반갑게 맞아주었다. 그의 안내를 받아 4일 동안 머물 룸으로 가는 중에 거실에서 가장 먼저 눈에 들어온 건 책장에 빼곡하게 꽂힌 책들이다. 모처럼 책으로 가득한 가정집 거실에 있는 것만으로도 가슴이 꽉 차는 듯했다.

“화가 모딜리아니의 집에 가기 위해 이곳에 왔어요”라고 하자 “오! 환영해요”라는 답이 들려왔다. 여행의 목적을 묻는 줄리아노에게 내가 대답하자 그는 환하게 웃으며 나를 환영했다. 줄리아노는 에어비앤비를 처음 운영하는데 내가 그에게 첫 손님이 되었으니 특별했던 모양이다. 오히려 내게 에어비앤비에 대한 조언을 구했다. 그래서 나는 속으로 재미있다는 생각을 했다. 뜻밖의 우연은 때때로 감동과 즐거움으로 다가오곤 한다.

* 모딜리아니 동상과 생가가 있는 비아 로마 거리

모딜리아니 생가에 관한 팸플릿과 그림 전집을 챙겨 내가 묵을 초록색 룸으로 가져다준 그의 세심한 배려에 가슴이 따뜻해졌다. 65세가 되었다는 줄리아노는 한 살 연상의 아내와 세 아들에 대해서 소개하면서 둘째 아들 자랑을 했다. "둘째 아들이 당신처럼 여러 나라를 여행했어요. 우리가 하고 싶은 여행을 당신은 지금 하고 있는 거예요. 지안, 당신이 부러워요." 진심으로 나를 부러워하는 그 앞에서 어깨가 으쓱해졌다.

줄리아노가 노인 돌봄 봉사를 간 아내 니베스를 데리러 나간 후 모딜리아니 생가를 가기 위해 숙소를 나섰다. 줄리아노의 설명 덕분에 화가의 생가는 쉽게 찾을 수 있었다. 비아 로마(Via Roma) 길로 들어서자 모딜리아니의 흉상이 보인다. 바로 근처에 있는 그의 생가 문 앞에서 벨을 눌렀으나 응답이 없었다. 성모마리아 대축일(12월 8일)이라서 문을 닫았다는 1층 초콜릿 가게(모딜리아니 초콜릿을 팔고 있다) 주인은 친절하게도 내일 문을 여는지 알아봐주겠다며 담당자에게 전화를 걸었지만 받지 않는다고 했다. '내일은 일요일인데 문을 열까?' 일정이 꼬일까 봐 은근히 걱정이 되었다.

화가의 생가 앞에서부터 길에 박힌 모딜리아니 족적을 따라 길을 걸어보기로 했다. 화가가 다녔다는 고등학교, 1층 룸을 얻어 조각을 했다는 시장, 자주 갔다는 카페, 가족이 다녔다는 유대교회당, 모딜리아니의 숨결을 느끼며 걷고 있다는 것만으로도 짜릿함이 있다. 오늘의 행복은 이것으로 족하리라.

내 영혼의 연인 모딜리아니!

아침 일찍부터 줄리아노와 니베스는 모딜리아니 생가에 갈 수 있는 방법을 알아보고 있다. "지안! 모딜리아니 집에 갈 수 있게 되었어요." 니베스가 자신의 일처럼 기뻐하며 소리쳤다. 모딜리아니 생가 담당자가 오전 10시부터 2시간 동안 문을 열어주겠다고 한 것이다.

"지안! 행운을 빌어요." 줄리아노가 활짝 웃으며 손을 흔들어주었다. 모딜리아니의 생가로 가는 길, 바람이 어찌나 세게 부는지 눌러쓴 털모자가 벗겨져 저만치 달아나버린다. '모자 잃어버리는 일쯤이야.' 흥분으로 내 몸은 이미 모딜리아니의 집으로 날아가고 있었다.

모딜리아니의 집은 3층 건물이다. 지금은 2층만 그의 집으로 보존하고 있고 1층과 3층은 다른 사람들이 살고 있지만 당시에는 건물 모든 층에 살았었다고 한다. 건물 뒤편에 있는 아담하고 아름다운 정원도 눈길을 끈다.

아버지의 사업 실패로 집을 잃게 될 위기에 처했을 때 모딜리아니는 엄마 뱃속에 있었단다. 임신한 어머니는 가구들만이라도 지키기 위해 3층에 있는 침실의 침대 위에 가구들을 쌓아놓은 채 출산을 했다는 에피소드를 얘기하면서 가이드가 웃는다(당시에는 산모가 있는 집은 정부에서도 함부로 대할 수 없었다고 한다).

유일하게 원래 모습 그대로 남아 있는 거실 바닥 외에는 화가가 살았던 당시 모습이 많이 사라졌지만, 당시의 가구 스타일과 화가의 가족 사진을 기반으로 꾸며놓았다고 하니 화가의 숨결이 느껴지는 곳에 서 있는 것만으로도 벅찬 감동이다.

12세 때 그린 스케치, 미술 공부를 처음 시작한 14세 때 그린 유화, 22세 때 파리에서 살기 시작한 후 25세에 리보르노로 돌아와서 그린 스케치, 가족과의 어린 시절 사진 등은 모딜리아니의 삶을 상상할 수 있게 했다. 마음을 사로잡은 건 뮤즈이자 아내 잔 에뷔테른(Jeanne Hébuterne)의 사진과 초상화들이다. 모딜리아니가 그린 잔의 초상화에는 없는, 눈동자를 가진 사진 속의 잔은 매우 아름다웠다.

2004년에 개봉한 영화 〈모딜리아니〉에는 이런 대사가 나온다.

"당신의 영혼을 알게 되면 눈을 그릴 수 있을 거야."

화가는 평생 아내 잔의 영혼이 담긴 눈을 그리고 싶어 했다. 〈스카프를 맨 잔 에뷔테른〉(1919)의 그림 속에는 잔의 눈동자가 희미하게 보인다. 드디어 영혼이 담긴 잔의 아름다운 눈을 만나기 시작했던 것일까?

그의 대부분의 그림들이 그렇듯이 긴 목과 눈동자가 없는 눈, 무표정한 표정, 어딘지 모를 쓸쓸함. 그런 분위기를 좋아했던 나는 한때 모딜리아니를 연모하여 그림을 모방한 적이 있다. 〈큰 모자를 쓴 잔〉을 그려 넣

* 모딜리아니의 아내이자 뮤즈, 잔 에뷔테른

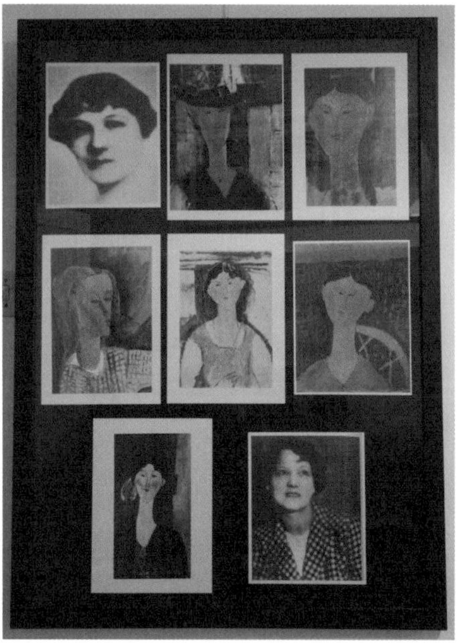

* 모딜리아니 두 번째 연인 베아트리체 헤이스팅스

었던 항아리가 깨지면서 다친 왼쪽 발목에는 지금도 작은 흉터가 훈장처럼 남아 있다. 상당히 긴 시간 남편의 부축을 받으며 목발을 짚고 다녀야 했지만 연모하던 모딜리아니 그림을 그리다가 다쳤으므로 행복했던 당시를 상상하곤 미소 짓는다.

이곳에서 새롭게 알게 된 건 모딜리아니가 조각을 했다는 사실이다. 한때 아프리카 원시 부족의 가면에 매료되었다는 화가는 길쭉한 타원형 얼굴의 조각상을 제작했다. 가늘고 긴 얼굴, 눈동자 없는 눈, 기다란 목, 화가의 초상화는 아프리카 원주민의 조각상을 닮아 있었다.

내 영혼의 연인 모딜리아니 그리고 나를 매료시켰던 목이 긴 여인들의 초상화! 나는 화가가 그린 연인들(안나, 베아트리체, 에뷔테른)의 초상화(사진) 앞에서 오랫동안 머물렀다. 예술가의 집을 방문하면 종일 그곳에 머물다시피 하는 내게 2시간은 너무도 짧은 시간이었지만 모딜리아니의 숨결을 느낄 수 있었던 이 순간은 긴 여운으로 남으리라.

"아마데오 모딜리아니! 당신의 영혼을 만날 수 있었던 나의 영혼이 새 희망을 꿈꿉니다." 화가에게 메시지를 남기고 집을 나서 그의 족적을 따라 전날 걸었던 그 길을 또다시 걸었다.

심장이 시키는 대로 하라

2019년 11월, 모딜리아니 생가를 다녀온 지 약 1년 만에 나는 내 영혼의 연인을 만나기 위해 파리를 세 번째로 방문하여 페르 라셰즈(Père-Lachaise) 묘지를 찾았다. 쇼팽을 비롯한 유명한 예술인들이 잠들어 있는 곳에 모딜리아니와 잔의 합장묘가 있다는 정보를 입수한 후 시도한 파리행이다. 큰 나무들이 늘어선 묘지에 들어서자 마치 공원에 산책을 나온 것처럼 마음이 편안했다. 다른 예술인들의 묘에 비해 화가의 묘는 눈에 잘 띄지 않아 한참을 헤맸다. 결국 현지인의 도움을 받아 찾게 된 화가의 묘는 지극히 평범하고 소박했다.

모딜리아니가 사망하자 그의 뒤를 따라갔다는 잔 에뷔테른, 두 사람의 비극적인 사랑 앞에서 가슴이 먹먹했다. 화가가 사망한 지 3년 후 두 사람은 합장되었다니 죽음도 갈라놓을 수 없었던 세기의 러브스토리다. 팬들이 바친 펜이며 꽃들이 두 사람의 묘 위에서 쓸쓸함을 거두어가고 있었다.

남편의 죽음 앞에서 속수무책이었을 잔 에뷔테른을 상상하며 나 또한 남편의 죽음 앞에서 아무것도 할 수 없었던 순간을 떠올렸다. 한때는 상실감으로 나를 놓아버렸던 순간도 있었지만 나는 이곳에서 삶과 죽음의 진리를 생각하기에 이른다. 죽음은 누구에게나 다가오게 되는 변화일 뿐 완전히 소멸되는 것이 아니라는 것을 조금씩 받아들이기 시작한 것이다. 때로는 손으로 만질 수도, 느낄 수도 없다는 것이 고통으로 다가오겠지만 남편이 남기고 간 추억은 느끼고 만질 수 있으리라는 희망이 내게 위로를 건넨다.

내가 모딜리아니의 영혼을 찾아와 교감을 나누듯 남편의 영혼도 늘 나와 교감을 하고 있었음을 생각하며 이곳에 남편의 숨결 한 자락 내려놓는다. 억지로 잊기 위해 고통스러웠던 순간들, 아들이 주문한 것처럼 내 심장이 시키는 대로 하리라. 때때로 휘몰아치는 격정은 내가 만나는 예술가들의 영혼 앞에서 조금씩 소멸되어가고 있었다. 충분한 애도의 시간을 가진 뒤 허허로운 내 안을 조금씩 채우게 될 희망 앞에서 가슴이 뛴다.

모딜리아니의 영혼이 내 마음을 밀어주고 있었던 것일까. 묘지를 나서는데 발걸음이 한결 가볍다. 파리 페르 라세즈 묘지에 있는 모딜리아니와 잔 에뷔테른의 합장묘에는 다음과 같이 묘비명이 새겨져 있다.

* "이제 바로 영광을 차지하려는 순간에 죽음이 그를 데려가다."

— 모딜리아니 묘비명

* "모든 것을 모딜리아니에게 바친 헌신적인 반려, 파리에서 죽다."

— 잔 에뷔테른 묘비명

루이자 메이 올컷의 정취를 느끼다
미국 콩코드

내 생애 가장 빛났던 순간

미국 키웨스트(Key West)섬에서 헤밍웨이를 만나고 2018년 5월 8일 콩코드(Concord)로 향하기 위해 보스턴(Boston)으로 가는 밤 비행기에 올랐다. 비행기 안에서 1박을 했지만 소설가 루이자 메이 올컷(Louisa May Alcott, 1832~1888)을 만날 수 있다는 즐거움은 피곤함마저도 잊게 만들었다. 보스턴에서 예약한 숙소가 있는 월섬(Waltham)까지 달리는 기차 안에서 찰스강의 아름다운 금빛 물결에 마음을 빼앗기는 동안 영화 〈작은 아씨들〉(1994)을 떠올렸다.

루이자는 〈작은 아씨들〉에서 조(배우 위노나 라이더)의 입을 빌려 말한다. "제 인생은 스스로 만들 거예요." 결혼보다는 자신의 꿈과 삶이 더 중요하다고 생각했던 '조'가 당당하게 작가의 길을 선택한 모습이 너무도 멋졌던 영화의 한 장면과 루이자의 소설이 오버랩되는 장면을 머릿속에 그려보았다. 그러자 상상이 현실로 이어지고 있다는 생각에 가슴이 벅찼다(예술가들의 삶을 이해하기 위해 그들의 집을 방문하기 전에 영화를 먼저 보았다).

여고 시절 이후 대학 시절에 다시 만나게 된 소설 《작은 아씨들》의 루이자는 내게 강한 인상을 남겼다. '내 인생을 나 스스로 만들어가겠다'고 생각하게 된 계기가 되었으니, 그때가 어쩌면 내 미래를 꿈꾸었던 가장 빛났던 순간이 아니었을까? 자신의 미래를 상상하고 꿈을 꿀 수 있는 것만으로도 충분히 아름다울 수 있는 힘이 젊음이다.

대학교 1학년 때 독서 동아리에 가입했는데 인원이 5명이었다. 우리는 늘 강의실 앞 잔디밭에 앉아 읽었던 책에 대해 토론하곤 했다. 그 모습이 궁금했던지 교수님이 나를 불렀다. "너희들 정말 멋지다. 지안이 너는 작가가 되어도 좋겠더라(교수님께 썼던 편지를 읽고 하신 말씀이었던 듯하다)." 당시 교수님이 해주신 말씀은 내가 이루고 싶은 빛나는 꿈이 되어 끊임없이 나를 따라다녔다.

정원 손질을 하던 호스트 유진이 배낭을 메고 두리번거리는 나를 발견하고는 반갑게 맞아주었다. 유쾌한 성격을 지닌 유진이 2층 룸으로 나를 안내했다. "지안, 교통카드 준비했어요?" 아직 준비하지 못했다는 내게 유진은 찰리 카드(Charlie Card, 보스턴 지역의 교통카드)를 건네주었다. 그녀의 따뜻한 마음씨에 가슴이 찡해왔다.

저녁이 되자 결혼을 한 유진의 두 아들이 왔는데, 혼자 여행을 하는 멋진 사람이라며 나를 소개했다. "와우, 어메이징! 멋진 친구를 위하여!" 두 아들은 준비해온 훈제돼지고기와 맥주를 나에게 권했다. 누적되었던 피곤함이 한 잔의 맥주로 인해 녹아내리고 있었다.

유진이 건네준 찰리 카드와 자세한 설명 덕분에 순조롭게 콩코드에 도착했다. 정거장에서 오서즈(Authors) 하우스까지는 약 2킬로미터의 거리였다. 낯선 곳에서 새로운 것을 발견하고 도전해야 할 또 다른 시작 앞에서 팔랑팔랑 길을 걸었다.

오서즈 하우스는 나무들에 둘러싸인 아름다운 목조 주택이다. 대부분의 가구들과 물품들이 올컷 가족이 직접 소유했던 것들이라니 지어진 지 300년이 훌쩍 넘어선 집인데도 여전히 살아 있다는 느낌이 들었다. 안나, 루이자, 메이(셋째 딸 엘리자베스는 오서즈 하우스로 이사 오기 전 사망하여 이 집에서는 세 자매만 살았다고 한다)가 영화 장면처럼 눈에 그려진다.

실내에서는 사진 찍기가 금지되어 있는데 직원 이만 삭카프 양의 도움으로 담당자와 연락을 취해 루이자에 관한 사진 몇 컷을 찍을 수 있었으니 이는 행운이었다. 나는 가이드의 도움을 받아 루이자의 침실과 글 쓰던 책상, 루이자가 입었던 드레스 등을 카메라에 담았다.

화가나 작가가 되고 싶다는 꿈을 키웠던 내게 작가의 꿈을 이룬 루이자와 화가로 성공한 막내 메이의 그림들을 볼 수 있는 기회가 주어진 것은 특별하게 다가왔다.

1868년 5월부터 6월까지 《작은 아씨들》을 썼다는 루이자의 책상 앞에 서자 만감이 교차했다. 《작은 아씨들》은 하루에 한 장씩 써서 두 달 만에 끝냈다고 한다(2부는 그다음 해에 발표되었다). 글쓰기에 몰두했을 루이자의 집념이 감동으로 전해져왔다. 아버지 올컷이 만들어주었다는 루이자의 책상은 너무도 작아 놀란다.

루이자의 책상보다 5~6배나 됨직한 큰 책상에서도 제대로 하지 못하

* 루이자 메이 올컷 생가 '오서즈 하우스'

* 루이자의 침실과 그녀가 입었던 드레스를 보자 그녀가 마치 살아 있는 것 같은 착각이 들었다.

고 있는 나 자신이 부끄러워지는 순간이다. 글이란, 책상이 만들어내는 것이 아니라 폭풍처럼 몰아치는 감정과 낭만적인 상상, 끝없는 사유 속에서 탄생되는 것임을 생각했다. "자신의 삶의 카누(canoe)는 스스로 젓겠다"고 했던 루이자의 말을 떠올리며 '내 인생의 노를 젓는 사람은 나 자신임'을 다시 상기했다.

메이의 스튜디오 벽에는, 1980년대에 적외선 촬영으로 발견했다는 친구들과 가족의 모습을 스케치한 그림이 있다. 방 곳곳을 장식하고 있는 메이의 그림들은 매우 인상적이다. 책을 통해서 결코 얻을 수 없는 것들을 발견하는 순간, 작가들의 집을 찾은 보람을 느끼게 되는 것 같다.

오서즈 하우스를 나서는데 이만 삭카프 양이 나를 부른다. "당신 사진 찍어줄게요. 이 집에 큰 관심을 가져주셔서 고맙습니다." 《작은 아씨들》

* 《작은 아씨들》을 썼다는 루이자의 책상은 너무도 작았다.

의 집을 배경으로 서로의 모습을 찍어주며 우리는 즐겁게 웃었다. 루이자가 앉아서 사색을 했을 벤치에 앉아 잠시 작가의 영혼을 느껴본다. 나를 이곳으로 이끌어준 보이지 않는 손길에 감사한 마음이 드는 건, 작은 희망을 지필 수 있는 불씨 하나를 또 얻었다는 것이리라.

도움의 손길 그리고 소원

오서즈 하우스에서 약 1.5킬로미터 거리에 있는 슬리피 홀로(Sleepy Hollow) 묘지로 발걸음을 옮겼다. 해가 넘어갈 시간인 데다 묘지가 넓어 루이자의 묘를 어떻게 찾아갈지 막막했다.

"안녕하세요, 작가 맞죠?" 커다란 개와 함께 산책을 하던 남자가 가던

＊ 루이자의 묘까지 안내해준 마이클과 마이클보다 더 멋지게 포즈를 취해준 토비

길을 되돌려 다가왔다. 그는 주로 작가들이 루이자의 묘를 찾아온다며 앞장서 걷는다. 개 토비와 마이클의 도움으로 쉽게 찾아온 루이자의 묘 앞에 당도하자 그는 기다려주겠다며 씩 웃는다. 이 도움의 손길은 어디로부터 온 것인가?

아버지 올컷의 묘를 중심으로 루이자 가족들의 묘가 둥그렇게 서 있다. 그 안에 있는 루이자의 묘가 눈에 들어왔다. 팬들이 놓고 간 펜이며 시들어버린 꽃들이 놓여 있다. '꽃을 사 올 생각을 왜 못했을까?' 미안해지는 마음이다. 루이자는 아버지가 돌아가시고 이틀 만에 세상을 떠났단다.

남편이 떠난 후 3일 만에 떠나신 나의 아버지 생각에 울컥한다. "우는 거예요?" 마이클이 놀라는 표정으로 묻는다. 나는 아니라고 손사래를 치며 애써 웃었다. 그녀의 묘 앞에 펜을 놓으면서 간절한 소원을 말했다. 당신처럼 글을 잘 쓰고 싶노라고.

한국을 만나다

애머스트(Amherst)로 떠나기 전 루이자 메이 올컷에 관한 자료가 있는지 알아보기 위해 콩코드 공공도서관을 방문했다. 메인에 한글로 된 책이며 영화 비디오, 한국 관광 책자와 지도들이 전시되어 있다. 타국에서 내 나라를 만난다는 것은 감동을 넘어선 형언할 수 없는 감정이다. 직원에게 이유를 물었더니 토요일 날 한국을 알리는 행사가 있다고 대답을 한다. 한복과 고무신, 부채, 붓 등 한국 전통 물건들이 가슴을 뿌듯하게 한다.

외국에 나오면 누구나 애국자가 된다고 했던가. 반갑고 고마운 마음에 흥분이 인다. 연세가 드신 여직원이 어딘가로 전화하더니 나를 불렀다. 그녀는 자신을 어린이 도서 담당자 카렌 아허른이라고 소개한 후 수화기를 내게 건네주었다. 도서관에서 근무하는 우효광이라는 한국 여성의 목

* 콩코드 무료 공공도서관에 전시되어 있는, 한국을 알리는 메인 코너

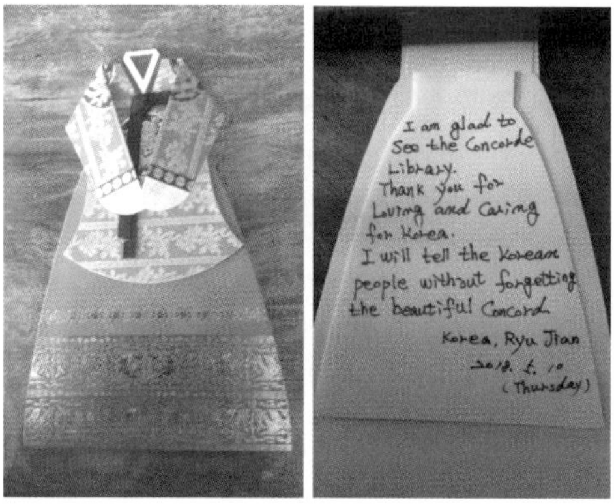

* 어린이 도서 담당자 카렌 아허른에게 전달한, 한복 카드에 쓴 편지

소리를 듣는 순간 너무도 반가워 심장이 뛰었다. 이민 와서 산 지가 꽤 오래되었다는 그녀는 "한국 사람이 왔다고 해서 반가운 마음에 내려오려던 참이었어요"라고 했다.

우효광 씨로부터 행사에 관해 자세히 들을 수 있었다. 나는 내 나라를 적극적으로 알리고자 하는 도서관이 너무도 고마워 '뭔가 도움이 될 수 있는 것이 없을까?'를 생각했다. 순간 지인 화가에게 받은 부채(왜 이 부채를 들고 온 건지, 꼭 쓰일 곳에 쓰라는 암시였을까?)를 가지고 온 것이 떠올랐다. 한복 카드에 편지를 쓴 후 부채와 함께 카렌 아허른에게 전달하며 한국을 많이 알려달라고 했다. 그녀는 "땡큐!"를 연발하며 흔쾌히 내 마음을 받아주었다.

숙소로 돌아와 호스트 유진에게 한국 홍보용 팸플릿을 전달하며 우리나라를 알리는 일에 열을 올렸다. "Beautiful!" 하고 연발하는 유진을 보면서 루이자 메이 올컷을 알아보기 위해 들렀던 도서관에서 내 조국을 먼저 생각했다는 것에 가슴이 뿌듯해짐을 느꼈다.

저항 시인 나짐 히크메트를 만나다
터키 앙카라, 러시아 모스크바

어둠 속에서 보게 되는 빛이 더 강렬하다

33일간의 이탈리아 여행을 마치고 2018년 12월 24일 나폴리(Napoli)에서 터키 이즈미르(Izmir)로 향했다. 그렇게 87일간의 두 번째 터키 여행이 시작되고 있었다.

엘리베이터(Asansör) 거리에 있는 숙소에서 24일 만에 문화 공원 근처로 숙소를 옮겨 호스트 휘기야 집에서 한 달을 더 머물기로 했다. 이즈미르에서 친구가 된 세 자매(나이메, 엘리프, 투바)와 함께 여행을 계획했기 때문이다. 세 자매가 문화 공원 콘서트홀에서 일본 문화 페스티벌이 있다며 초대를 했다.

한국말을 약간 할 줄 아는 엘리프의 도움을 받아 가와세 나오미 감독의 〈빛나는〉을 관람했다. 엔딩이 올라가자 사람들이 우레와 같은 박수를 쳤다. 시청각 장애인들과 비장애인이 함께 즐길 수 있는 '배리어 프리(barrier free)' 영화였다. 주인공 미사코가 영화를 만드는 과정에서 장애를 가진 사람들을 직접 만나 소통하고 고민하는 모습이 매우 인상적이었다.

* 세 자매의 권유로 히잡(hijab) 체험을 했다. 히잡은 이슬람 여성들이 머리와 목 등을 가리기 위해서 쓰는 두건의 일종으로, 짧고 간편한 옷에 길들여진 나에게 히잡 체험은 인내가 필요한 일이었다.

서로 얼굴을 손으로 감싼 채 이마와 코를 맞대고 있는 미사코와 나카모리, 두 사람의 얼굴 사이로 들어온 한줄기 빛이 화면을 가득 채우는 순간 절망 앞에서 희망을 찾아가는 이들의 모습이 파노라마처럼 스쳤다.

상실에 절망하며 어둠 속으로 자꾸만 나 자신을 밀어 넣고 망가트렸던 때가 떠올랐다. 그들에게서 보게 된 아름다운 희망이 그런 내 가슴속을 밀고 들어왔다. '어둠 속에서 보게 되는 한 줄기 빛이 더 강렬하다'는 것을 일찍 깨달았다면 그 빛을 찾아 희망을 꿈꾸었으리라.

밖으로 나오자 콘서트 홀 한편에 서 있는 거대한 동상이 눈에 들어온다.

"어느 길로 가야 할지 더 이상 알 수 없을 때 / 그때가 비로소 진정한 여행의 시작이다."

시 <진정한 여행>으로 우리나라 사람들에게 알려진 터키 혁명 시인 나짐 히크메트(Nazim Hikmet, 1902~1963)다. 세 자매에게 시인에 관한 정보를

* 이즈미르 문화공원 콘서트 홀 옆에 있는 나짐 히크메트 동상

들은 나의 앙카라 여행은 그렇게 시작되었다.

진정한 여행을 꿈꾸다

세 자매와 함께 뒤즈제, 볼루, 카파도키아 여행을 마치고 2018년 3월 10일 앙카라로 이동했다. 9박을 머물 에어비앤비 숙소에 도착하자 호스트 무라트와 고양이 초랍이 열렬하게 반겨준다. 내 곁을 떠나지 않아 방을 같이 쓰게 된 친구, 초랍 덕분에 낯설지 않게 휴식을 취할 수 있게 되었다.

울루잔라르(Ulucanlar) 감옥박물관으로 향했다. 1925년에 지어진 감옥은 정부에 반하는 수많은 정치범들이 투옥되어 고문을 당하고 처형된 곳이라고 한다. 터키 정치 역사의 부패를 반성하고자 함일까? 부끄러워하지 않는 역사는 진보할 수 없음을 생각했다.

나짐 히크메트가 투옥되었던 방 정면에 씌어진 빨간색 글씨가 인상적

* 시인이 투옥되었던 방 정면 벽에 적힌 글. 더 나은 사회와 국가를 욕망했던 그들에게는 명예가 소중했던 듯하다.

이다. "당신은 자유를 잃었지만 명예를 잃지 마십시오." 자유를 탄압당한 초췌한 시인이 녹슬고 얼룩진 침대 위에서 웅크린 채 시를 쓰는 모습이 상상되었다. "가장 훌륭한 시는 아직 씌어지지 않았다"고 노래한 시인은 당대의 모순에 저항하고 좀 더 나은 사회를 꿈꾸었으리라. 혁명 시인 나짐 히크메트에 관한 흔적을 더 만나보고 싶어진다.

안내원에게 시인의 생가에 대해서 물었으나 시인은 그리스에서 출생했

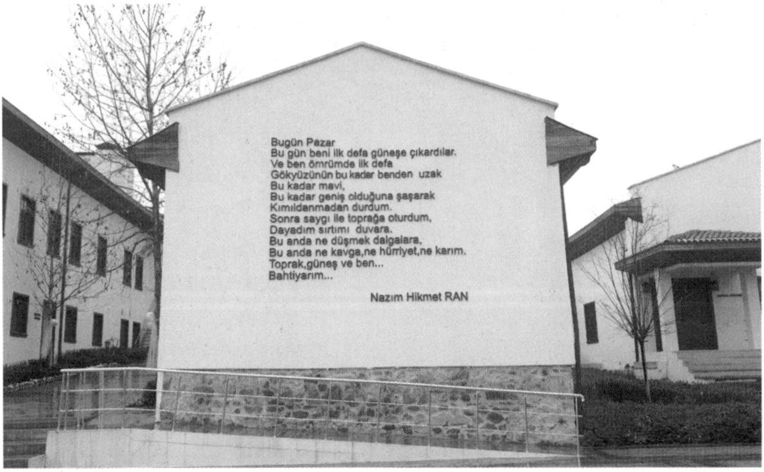

* 앙카라 주택 거리에 있는 나짐 히크메트의 시 〈오늘은 일요일〉이 적힌 건물이다. 나는 그 앞에서 오랫동안 진정한 자유에 대해 생각했다.

으며 1937년에 투옥되어 1950년 석방된 후 모스크바(Moskva)로 망명하여 그곳에서 사망했다고 했다. 그동안 망설였던 러시아 여행을 결심하게 되는 순간이다. 어쩌면 나의 '진정한 여행'은 러시아에서부터 시작될지도 모를 일이다.

어둠의 문을 열고 태양 앞으로

감옥박물관을 나와 하마몬(Hamamön) 역사(歷史) 주택거리로 향했다. 나짐 히크메트가 1938년에 감옥에서 쓴 시 <오늘은 일요일>이 적힌 건물 안에서 한 할아버지가 나를 부른다. 자신을 야사르라고 소개한 화가 할아버지는 모자를 만드는 여성작가 세빔과 함께 역사 거리에서 다양한 분야의 아티스트들이 작품 전시를 하는 첫날이라며 함께 가자고 나를 이끌

* 앙카라 예술인들의 작품 전시장. 맨 앞에 미소 짓고 있는 사람이 나를 부른 야사르다.

었다.

시가 적힌 벽 앞을 지날 때 야사르가 "이 시는 나짐 히크메트의 주머니 속에 있던 작은 노트에서 발견한 작품이에요"라고 설명했다.

'오늘은 일요일 / 처음으로 그들은 나를 오늘의 태양 앞으로 끌고 나왔다.'

자유를 박탈당한 시인의 모습을 떠올리는 순간, 우울과 고독 속에 갇혀 나 스스로 자유를 속박하고 있었음에 흠칫 놀란다. 자유의 소중함을 모르는 자는 자유를 누릴 자격이 없으리라. '나의 이성을 잠식시켰던 어둠의 문은 타인이 열어주는 것이 아니라 나 스스로 열고 태양 앞으로 나와야 됨'을 생각했다.

작가들에게 나를 소개하며 다과를 즐기도록 배려해준 야사르와 세빔, 그들의 자유를 함께 만끽하기 위해 마음의 문을 활짝 연다.

나짐 히크메트가 맺어준 친구

나짐 히크메트에 관한 자료를 알아보기 위해 문화센터에 들렀다. "안녕하세요?" 약간 어눌한 한국말로 인사하는 소리에 반가워 되돌아보니 히잡을 쓴 아가씨가 미소를 짓고 서 있다. 하티제는 문학에 관심이 많아 우정에 관한 소설을 쓰고 있는 중이라며 자신을 소개했다. 취향이 같은 친구를 만나게 되다니 여간 반가운 게 아니었다.

하티제는 나짐 히크메트에 관한 자료들을 보러 왔다는 나를 무척이나 반겼다. "시인을 통해 더 행복할 수 있는 일을 생각하게 되었다"는 하티제는 수학과를 졸업한 후 직장을 다니다가 나이 서른에 다시 앙카라 대학교에서 심리학을 공부하고 있다고 했다. '가장 아름다운 노래'를 부르게 될 날을 위해, 진정한 여행을 하고 있는 하티제의 용기가 부러웠다.

'나의 서른은 어땠을까? 그때 진정으로 하고 싶었던 일을 시작했다면 지금의 나는 다른 모습으로 살고 있을까?' 한 사람의 인생의 항로를 바꾸어놓을 수도 있는 시가 가진 힘을 생각하며 나는 그녀가 탄 배가 순항하기를 기원했다. 하티제가 도스트(Dost) 서점으로 나를 이끌었다. 이곳은 앙카라의 상징적인 서점이라 할 만한 장소였다. "이건 우리가 친구가 된 기념이에요." 하티제는 내게 나짐 히크메트를 비롯한 세계 예술가들의 모습으로 만든 책갈피를 선물했다. 그녀의 세심한 친절이 감동으로 다가왔다. 하티제는 친구 사헬을 불러 우리는 크즐라이(Kizilay) 광장에 앉아 오래된 친구들처럼 수다를 떨었다. 하티제와의 만남은 여행 내내 내게 큰 행복을 안겨주었다.

산 자와 죽은 자의 경계에서

87일간의 터키 여행을 마치고 2019년 3월 31일, 앙카라에서 모스크바로 향했다. 모스크바에 온 지 열흘째, 그동안 추워서 엄두를 못 냈던 노보데비치(Novodevichy) 묘지에 가기 위해서 포근한 날씨 속으로 길을 나섰다. 버스를 이용했다면 놓칠 뻔한 보그단 크멜니츠키(Bogdan Khmelnitsky) 다리 좌우로 유유히 흐르는 아름다운 모스크바강을 가슴에 담는다.

묘원 입구에서 나짐 히크메트에게 바칠 빨간 카네이션 한 송이를 샀다. 묘지 안으로 들어섰는데 묘 위치 표시가 전부 러시아어다. 난감했지만 일단 묘들 사이를 걸어보기로 한다. 수많은 정치가, 예술가들이 묻혀 있는 곳

* 모스크바 노보데비치 묘지에 있는 나짐 히크메트 묘 앞에서 '진정한 여행'을 꿈꾸었다.

으로 망자들을 기리기 위해 세워진 기념 조각들이 마치 야외 미술관 같다.

직원이 다가와 누구의 묘를 찾느냐고 물었다. "시인 나짐 히크메트요"라고 대답하자 그는 자기가 안내해주겠다며 앞서 간다. 준비된 것처럼 다가와 친절을 베풀었다. 과거 사회주의국가의 선입견 때문에 러시아 여행을 망설였는데, 그것이 기우였다는 걸 깨달았다. 그리고 친절하고 따뜻한 사람들의 태도에 감동했다.

직원이 남자의 걷는 모습이 새겨진 돌 앞에서 걸음을 멈추었다. 히크메트와 시인의 묘 바로 아래 아내 베라(Vera)가 잠들어 있다. 나는 시인에게 꽃을 바치며 남편과 나의 진정한 여행을 소망했다. 산 자와 죽은 자의 경계가 없는 자리에서 따스한 햇살이 내려앉은 3월 마지막 날 우리의 영혼이 자유로워지기를 기원하며 시인 곁에 남편의 숨결 한 움큼을 놓는다.

러시아에서 듣는 〈모래시계〉의 멜로디

직원이 찾고 싶은 묘가 있으면 말하란다. 나는 그의 친절 덕분에 대중의 지지를 얻어 러시아 초대 대통령이 된 보리스 옐친, 단편 소설 〈외투〉로 유명한 니콜라이 고골, 희곡 《갈매기》를 쓴 안톤 체호프, 혁명 시인 블라디미르 마야콥스키의 묘를 쉽게 찾아볼 수 있었다.

그런데 어디선가 드라마 〈모래시계〉 OST 멜로디가 엄숙하게 흘러나오고 있었다. 바리톤 오페라 가수 드미트리 흐보로스토프스키의 묘가 꽃에 둘러싸여 있다. 그의 묘 앞에서 참배하고 있던 여성이 내게 드미트리 공연은 너무도 감동적이어서 많은 사람들이 눈물을 흘렸다고 했다. 그가 부른 〈백학〉이 한국에서 드라마 OST로 유명했던 곡이라고 말하자 그녀는 눈을 동그랗게 뜨고 놀라워했다. 러시아인들의 사랑을 받던 가수는 뇌종양 투병 끝에 55세의 나이에 세상을 떠났다. 나는 그 앞에서 암 투병 끝에 세상을 떠난 남편이 떠올라 쉽게 자리를 뜰 수가 없었다.

직원이 묘지 문을 닫을 시간이라고 말해주었다. 그에게 악수를 청하여 고마움을 전하고 묘지를 나서 드미트리의 〈백학〉을 들으며 아름다운 노보데비치 연못 공원을 걷는다. 비장한 멜로디가 마음을 고요하고 엄숙하게 했다.

자유로운 영혼을 찾아서
프랑스 샤를빌메지에르

즐거운 여행 되세요!

2019년 7월 25일, 벨기에 몽스(Mons)를 떠나 프랑스로 가기 위해서 기차에 몸을 실었다. 36도의 찜통 기차는 숨이 턱턱 막힐 지경이다. 국경을 넘어 두 번의 기차를 더 바꿔 타고서야 이흑송역에서 내렸으나 역이 텅 비어 있어 불안하다. 직원이 다가와 "어디 가는 기차를 기다리나요?"라고 물었다. 샤를빌메지에르(Charleville-Mézières)로 가려면 역 앞에 정차되어 있는 버스를 타고 가야 한단다. 머릿속이 하얘진다. 기차만 타면 별 무리 없이 목적지까지 도착할 수 있으리라고 생각하고 늦은 오후 출발한 것이 실수였음을 깨달았지만 뾰족한 방법이 있을 턱이 없었다. 긴장된 마음으로 기다리고 있는데 은발의 여성이 다가와 버스 문을 열었다.

"당신이 드라이버인가요?" 그녀가 웃으며 내 기타를 들고는 버스에 올랐다. "저 혼자 타고 가는 거예요?" "그래요(Yes)!" "와우, 굉장한데요(Wow, Amazing)!" "걱정 마요(Don't worry)!"

안도감이 밀려왔다. 여성 운전자가 겁이 많은 나를 안심시켰기 때문이

* 이흑송에서 혼자 타게 된 대형 버스, 길 위에서 호사를 누리다.

다. 그녀는 경치를 구경하라며 나를 운전석 옆 자리에 앉게 했다. '아름다운 은발의 여성이 운전하는 대형 버스를 자가용처럼 타고 랭보를 만나러 가는 호사를 누리게 되다니, 이보다 더한 횡재가 있을까?' 아름다운 프랑스의 농촌 벌판을 감상하는 동안 내게 다가와준 이 기적 같은 순간이 꿈만 같았다. 샤를빌메지에르역 앞에 도착했을 때는 이미 땅거미가 내려앉기 시작했다. 그녀가 미소를 지으며 즐거웠느냐고 물었다.

"당신은 멋진 베스트 드라이버였어요!" 그녀가 활짝 웃으며 내 배낭을 들고는 버스에서 먼저 내렸다. "돌아가는 길 행운을 빌어요!" "즐거운 여행 되세요(Enjoy your trip)!"

그녀는 나를 안고 등을 쓰다듬으며 작별 인사를 건넸다. 랭보의 고향은 그렇게 나를 감동 속에서 맞아주었다. 이방인에게 따뜻한 가슴을 내어주던 사람들, 그들은 내가 만나는 기적이다. 무사히 모험을 해냈다는 안도감이 주는 뿌듯함 뒤에 긴장했던 순간은 고스란히 남아 온몸이 뻐근하지만 알 수 없는 어떤 힘이 나를 보호해주었다는 생각에 가슴 따뜻해진다.

자유로운 영혼에 대한 당부

아르튀르 랭보(Arthur Rimbaud, 1854~1891)를 만나러 가기 전날에 영화 <토탈 이클립스>(1995)를 다시 보았다. 프랑스의 두 천재 시인 랭보(배우 레오나르도 디카프리오)와 폴 베를렌(배우 데이비드 듈리스)의 관계를 그린 영화다. 남편은 자유로운 영혼의 소유자 랭보를 무척 좋아했었다. 그래서 나는 시인 랭보보다는 자유로운 영혼의 소유자로서의 랭보를 만나고 싶었다.

남편은 늘 당부했었다. "우리 아들은 자유로운 영혼을 가진 아이이니 아들이 어떤 선택을 하든 지켜보고 지지해주는 역할만 하는 현명한 엄마가 되길" 하고 말이다. 그것이 부모로서 아들을 사랑하는 방법이라고 했던 남편의 당부를 지키기 위해서 멀리서 아들을 지켜보며 선택을 존중하고 도전하는 일들이 순항할 수 있기를 기도한다. 랭보의 자유로운 영혼을 움트게 했던 이곳에서, 바람이 되고 싶어 했던 남편의 숨결 한 줌 내려놓으리라.

랭보가 살았던 집은 시내에서 멀지 않은 뫼즈 강가에 있는 박물관과 마주하고 있었다. 시인의 가족은 1869년에 3층으로 된 이 건물 1층으로 이사하여 1875년까지 6년 동안 살았다고 한다. 시인이 이 집에서 살던 때는 강렬한 시적 창작 시기와 일치하는 시기로 유명한 시들이 이 집에서 집필되었을 것으로 추측된다.

90년대까지 여러 명의 주인과 세입자가 바뀌며 거주했기 때문에 시인의 가족이 쓰던 가구 한 점 없는 텅 빈 공간이지만 집 자체만 보존하기로 한 이유를 이해할 수 있을 것 같다. 시인과 더불어 '그 장소에 깃든 정신'을 그대로 존중하자는 의미였을 테니까 말이다.

시적인 차원에서 역사와 숨결에 대한 이야기를 들려주는 장소로 거듭나고 있는 랭보의 집에서 눈길을 끈 것은 각 방마다 설치된 실크 스크린이었다. 독일의 슈투트가르트에서 영국의 런던, 벨기에 샤를루아에서 브뤼셀(Brussel), 예멘의 아덴에서 에티오피아 하어까지, 랭보가 다닌 여행지의 지도와 프레임 창 그리고 청각을 자극시키는 소리는 랭보와 함께하고 있다는 상상을 불러일으키기에 충분했다. 시인이 남겼을 삶의 흔적을 기대했던 만큼 아쉬움도 있었지만 그곳 어딘가에 남아 있을 그의 자유로웠던 영혼의 숨결이 허공 속에서 위로를 건네고 있다는 생각만으로도 행복한 순간이었다.

> "내가 살면서 가장 행복했던 때는 집을 나왔을 때였어. 정처 없이 마냥 걸었지. 난 그토록 길고 찬란했던 날들을 본 적이 없어."
>
> — 영화 〈토탈 이클립스〉 중에서

'시인의 바람구두를 빌려 신고 싶다'는 생각을 하게 만든 그의 말이 가슴속에서 속삭이고 있다. 아직도 끝나지 않은, 아니 아직은 끝내고 싶지 않은 길 위에서 언젠가는 어둠 속에서 찬란한 날들을 만날 수 있으리라. 여전히 통증은 악화되었다가 완화되기를 반복하면서 내 영혼을 괴롭히고 있지만, 심연 속으로 가라앉으려는 나의 영혼을 구원하고 싶다는 생각을 하게 한다.

"당신은 내가 바라는 바람이 되어 살다가 왔으면 좋겠어." 남편의 당부에 대한 해답을 얻게 되는 날, 나의 삶이 무통의 삶으로 진보될 수 있기를 희망하리라.

또 받은 여행 인사

랭보의 집을 나서 박물관으로 향했다. 푸른색 베레모, 은빛 쟁반, 가방과 문법 책, 빈의 지도와 시인의 옷 등 박물관에는 랭보가 방랑 중에 사용했던 영혼과 체취가 스며들어 있는 물건들이 그대로 전시되어 있다.

"모든 사물에는 정령이 깃들어 있다." 은사이신 나희덕 시인이 수업 시간 했던 말씀을 떠올리며 나는 랭보의 숨결이 남아 있는 사물들로부터 그의 정령을 느끼기 위해 오랜 시간 그곳에 머물렀다. 문학적 창작에서 멀어진 시인의 삶은 방랑길에 올라 만나게 된 아라비아와 아프리카에서 탐험가로서 고스란히 전해오는 듯했다. 시인에서 상인으로, 탐험가로, 극과 극을 달리는 예사롭지 않았던 랭보의 삶은 그렇게 내 영혼 속을 비집고 들어왔다.

출입구에 있던 랭보의 '바람 구두'를 빌려 가슴에 품고 박물관을 나왔

＊ 랭보의 낡은 가방과 읽었던 책 등에는 방랑자의 영혼이 느껴진다.

＊ 랭보의 '바람 구두'를 디자인한 여성은 후에 구두 장인이 되었다고 한다.

다. 시인의 시에서 영감을 받아 뫼즈강 한가운데 있는 작은 섬에 지었다는 그린(Green)의 방에서 어느 날, 랭보가 저녁 식사를 했다는 카페와 같은 느낌을 주기 위해 드리웠다는 녹색 커튼을 보며 나는 푸르른 청년 시인을 상상했다. 박물관과 시인의 집 바로 앞에 있는 '아서 랭보의 길'에는 캐나다 퀘벡(Quebec) 출신 조각가 미셸 굴렛(Michel Goulet)이 제작했다는 은색 강철로 된 18개의 '시인의 의자'가 설치되어 있다. 의자에는 2011년 10월, 시인의 집을 방문한 10개 나라 시인들 18명이 각자 시인의 텍스트에서 발췌한 문구와 그에 대한 화답이 새겨져 있다.

'한국 시인도 있을까?' 하고 열심히 들여다보고 있는데 자전거를 타고 지나가던 중년 남성이 멈춰 섰다. 자신을 아모칸이라고 소개한 그는 "랭보는 세계적인 시인!"이라고 말하며 엄지를 치켜세웠다. 자랑하듯 말하는 그의 얼굴에서 시인에 대한 자부심이 느껴졌다. 아모칸은 친절하게도 의

자에 새겨진 문구들을 하나하나 읽어주었다.

"즐거운 여행 되세요(Enjoy your trip)!"

자전거를 탄 그가 손을 흔들며 멀어져갔다. 자신에게 들리는 영혼의 소리를 아름다운 시어로 위로를 건네는 시인들을 어찌 존경하지 않을 수 있을까? 자유로운 영혼의 소유자 랭보를 가르치던 나희덕 교수님이 무척 그리운 밤이다. 교수님이 언니처럼 느껴지던 순간 품에 안겨 서럽게 울었던 기억을 떠올리며 눈시울이 젖어 편지를 쓴다.

미지의 세계를 동경하다

랭보의 집에서 1킬로미터를 걸어서 도착한 곳은 시인의 묘가 있는 공동묘역이다. 1891년 5월 아프리카에서 병든 몸으로 돌아온 시인은 마르세유 병원에서 절단한 오른쪽 다리의 병이 악화되어 사망하였다. 숲속에 자리하고 있는 파리의 공동 묘역들과는 달리 사방이 트인 이곳은 시인이 지녔던 자유로움이 느껴지는 공간이다.

묘역을 나오는데 중년 남자가 가던 길을 돌아서 다가왔다. 자신을 '아란 빌메트'라고 소개한 그분은 랭보의 시가 적힌 벽화가 있다며 따라오라고 했다. 묘역 바로 건너편 골목 벽에는 예리한 눈빛을 지닌 랭보의 얼굴과 함께 시인의 시가 적혀 있었다. 빌메트는 친절하게도 낭랑한 목소리로 시를 읊어주었지만 나는 프랑스어를 알아들을 수가 없다. 나는 그에게 양해를 구한 후 시를 낭송하는 모습을 동영상에 담았다.

여름 야청빛 저녁이면 들길을 가리라

나는 가리라, 멀리, 저 멀리, 보헤미안처럼,

계집애 데려가듯 행복하게, 자연 속으로.

— 아르튀르 랭보, 《지옥에서 보낸 한 철》, 〈감각〉, 김현 역, 민음사, 1998

숙소로 돌아온 나는 빌메트가 낭송해준 시 〈감각〉을 찾아 밤늦도록 읽었다. 짧지만 강렬한 인상을 안겨준 빌메트는 미지의 세계를 동경하고 과감하게 나아갔던 16세 청년 랭보의 자유로운 영혼과 교감할 수 있는 기적의 기회를 만들어준 것이다. 더 많은 날들을 걸어가게 될 나의 미지의 세계는 그렇게 희망의 길이 되리라는 기대로 벅차오르고 있었다.

* 아란 빌메트가 낭송해준 랭보의 시 〈감각〉이 새겨진 벽화

2장

위로하고 치유하다

세르게이 예세닌의 고독
러시아 모스크바

브라보! 러시아 사람들!

2019년 3월 22일, 두 번째 방문한 터키 여행은 87일째에 마무리되었다. 아타튀르크 공항에서 비자 문제로 실랑이를 한 탓에 모스크바행 비행기에 탑승하자마자 정신없이 잠 속으로 빠져들었다. 깨고 보니 모스크바 셰레메티에보 국제공항이다. 저 멀리 강렬한 해가 막 떠오르고 있었다. 드디어 러시아 땅을 밟게 된 설렘으로 눈부신 아침 해를 희망차게 가슴에 품는다.

입국 심사대 앞에 서니 다소 긴장이 되었다. "나는 세계 여행 중이에요. 러시아에서 40일 정도 여행한 후 헬싱키(Helsinki)로 떠날 거예요." 러시아에는 왜 왔느냐고 묻는 여직원에게 대답을 했다. 여권과 내 얼굴을 번갈아 바라보던 여직원의 "OK!" 승낙이 떨어졌다. 출국 시 제시해야 되니 잘 보관하라며 출입국 카드를 건네주며 그녀가 미소 짓는다. 러시아 입국 심사는 까다롭다는 말을 들었던 터라 너무 긴장한 탓일까. 너무도 순조롭게 입국이 통과되었다는 사실에 맥이 탁 풀린다. '그래, 출발부터 예감이 좋아!' 마음이 가벼워지자 발걸음마저도 가볍다.

배낭을 찾아 카트에 싣고 여유롭게 루블화를 인출하여 트로이카(모스크바 교통카드)를 사려는데 공항 안에서 구매할 수 없단다. '예약한 캡슐 호스텔까지 가려면 세 번의 버스와 지하철을 바꿔 타야 하는데 이걸 어쩐담?'

버스 기사에게 5,000루블을 내밀자 남겨줄 돈이 없다니 난감하다. 버스비가 4루블이니 그럴 만도 하다. 한 젊은이가 다가와 자기가 버스비를 내주겠다고 한다. 이 말에 운전기사가 활짝 웃으면서 그냥 타고 가란다. "스파시바(Спасибо)!" 나는 '감사합니다'를 외치며 버스에 올랐다. 과거 사회주의국가의 선입견이 일순간 사라지고 있었다. 이후에도 지하철역에서 만난 아가씨의 친절로 무사히 호스텔을 찾아왔다. 낯선 곳에서 만나게 된 추위와 눈보라가 그리 매섭지 않았던 이유는 사람들이 건넨 친절 덕분이리라.

러시아 사람들은 경직되어 있다는 어느 여행객의 말이 떠오른다. 이렇게 친절하고 따뜻한 미소를 날리는 사람들이 경직되어 있다고? 내가 만난 러시아 사람들은 모두 '브라보!'다.

가로 4뼘, 세로 10뼘, 높이 4뼘, 이 작은 룸이 15일 동안 모스크바의 추위를 녹여줄 아늑한 룸이다.

만남이 약속된 이별

유명 작가의 집을 찾아다니는 걸 좋아한다는 어느 저널리스트는 <뉴욕타임스> 칼럼에서 "작가와 그 작품을 보다 생생하게 이해하는 데는 자서전 수천 페이지를 읽는 것보다 작가가 살던 집에서 1시간을 머무는 게

* 예세닌의 침실은 그의 고독한 모습과는 어울리지 않는 따뜻하고 아늑한 분위기였다.

더 낫다"라는 기사를 읽은 적이 있다. 나는 그 저널리스트의 말을 오늘도 실감한다.

2019년 4월 10일, 러시아의 서정시인 세르게이 알렉산드로비치 예세닌(Sergei Aleksandrovich Esenin, 1895~1925) 하우스를 찾았다. 시인의 집은 국제공연 예술 센터와 재즈, 연극을 관람할 수 있는 문화센터 등 예술적 분위기가 가득한 자모스크보레체예(Zamoskvorechye) 지구의 오래되고 조용한 지역에 위치해 있다. 다른 집들과는 달리 시인의 목조주택은 소박하고 따뜻한 느낌을 준다.

입구로 들어서자 러시아 농촌과 자연을 아름답게 노래한 시인임을 느끼게 하는 황토색 동상이 맞이한다. 예세닌 탄생 100주년 때 개관했다는 박물관에는 시인의 모스크바 생활 당시 모습과 원고 및 출판물을 비롯하여 개인 소지품과 친구 및 가족사진 등이 전시되어 있다. 1912년부터 종종 문학인과 음악인들이 모였다는 이 집에서 시인은 1911~1918년까지 살면서 러시아의 자연 풍경을 노래한 초기 시 <자작나무>(1913)를 썼다고 알려져

＊ 예세닌의 친필로 적힌 시와 메모들

있다.

눈에 들어온 CD가 있어 직원에게 예세닌의 시가 수록되어 있는지 물었다. 그녀는 친절하게 설명해주며 어느 나라에서 왔느냐고 물었다. 한국이라는 나라에 관해서 전혀 알지 못하는 직원의 말에 마음이 씁쓸했지만 최대한 한국을 설명했다.

"동양의 작은 나라에서 예세닌을 사랑하고 찾아와준 것에 감동받았습니다." 자신을 리사라고 소개한 그녀는 내게 예세닌 시로 노래를 부른 CD 2장을 선물하며 무엇이든 도와주겠다고 했다. 그녀의 선물에 오히려 내가 감동받았다. 자신도 한국 시인들을 사랑하겠노라며 미소를 짓는 리사. 그녀는 나를 위해 특별한 곳으로 안내해주었다. 아직 일반인에게 공개하지 않고 있다는 그곳에는 예세닌의 데스마스크(death mask)가 있었다.

"친구여, 우리의 예정된 이별은 이다음의 만남을 약속해주는 거지."

자살 직전 친구에게 썼다는 유작 시. 시인의 지독한 고독과 우울한 삶,

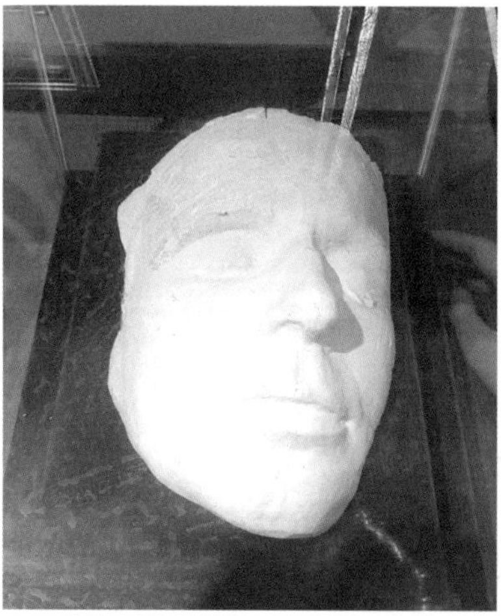

* 예세닌의 데스마스크 앞에서 그의 영혼을 느꼈다.

* 이사도라 덩컨은 서류상 이혼을 하지 않아 죽을 때까지 그의 부인으로 남아 있었다고 한다.

비극적인 죽음에 잠시 울컥했다. "누구나 가는 길, 누구에게나 찾아오는 그날 우리는 다시 만나게 될 거야." 죽음은 우리가 일상처럼 맞이하는 일이며 우리의 이별은 이다음에 만날 예정된 이별이라고 했던 나의 절친 남편의 마지막 말을 생각했다.

예세닌의 유작 시가 이 순간에 큰 위로가 될 줄은 예견하지 못했던 일이다. 이다음의 만남을 위해 현재를 잘 살아내야 됨을 생각했다.

다섯 번의 결혼으로도 채우지 못했던 고독

예세닌의 우울하고 고독한 모습과는 대조되는 아늑하고 따뜻한 느낌을 주는 침실에서 자유로운 영혼을 지녔던 맨발의 무용수 이사도라 덩컨

(Isadora Duncan)과 결혼하여 잠시나마 행복했을 그를 생각했다. 시인은 상트페테르부르크(Sankt Peterburg) 앙글르테르 호텔에서 자신보다 17세 연상이었던 덩컨과 신혼을 즐겼다. 시인은 죽음도 그 호텔에서 맞았다고 하니 다섯 번의 결혼(마지막 아내는 레오 톨스토이의 손녀 소피아 톨스토이였다)에서도 가장 사랑했던 여인은 이사도라 덩컨이었던 듯하다.

조국을 변화시키고자 했던 이상이 좌절된 것과 이사도라 덩컨과의 이별 등이 그를 죽음으로 몰았다는 설이 있지만 러시아의 한 천재 시인은 자신의 내부에서 일어난 고독과 치열한 싸움을 하다가 지쳐 쓰러진 것이었다. '그를 견디지 못하게 했던 고독의 무게는 얼마나 컸을까?' 나는 종종 여전히 나를 짓누르고 있는 고독의 무게에 대해서 생각한다. 심연 속에 침몰되어 있는 고독과 우울감은 그 무게를 상상할 수도 가늠할 수도 없다. 치열하게 싸워도 이길 수 없다고 판단될 때 누구나 고독으로부터 지게 되어 있음을 생각하자 시인의 고독했을 삶이 애달프게 다가온다.

눈부신 청춘을 그리다

예세닌의 영혼을 만나기 위해 바간코프스코예(Vagankovskoye) 묘지를 찾아 나섰다. 가는 길에 아파트가 빼곡하게 들어선 공원 입구에 서 있는 시인의 동상과 마주친다. 어깨에 재킷을 걸치고 언덕을 내려오는 듯한 시인의 동상 곁에 앉아 책을 읽고 있는 할머니가 눈에 들어온다. 눈부신 햇살을 온몸으로 받으며 읽기에 열중하고 있는 할머니의 모습을 보고 있노라니 기척을 느끼셨는지 고개를 들어 방긋 웃으며 가까이 오라고 손짓을 한다.

* 예세닌 기념비 옆에 앉아 러시아 역사소설을 읽고 있는 82세 할머니 타티아나

타티아나 할머니가 읽고 있는 책은 알렉세이 니콜라예비치 톨스토이가 쓴 역사소설 《표트르 1세》(위대한 러시아 군주 표트르 1세에게 헌정된 소설)였다. 자신의 나라 역사를 읽고 있는 82세 고령의 할머니, 이 얼마나 멋지고 아름다운가? 나는 잠시 그 할머니 모습에 나의 노년의 모습을 오버랩시켜 본다. 상상만으로도 내 가슴 안에 잔잔함이 들어온다.

짧은 만남이었지만 긴 여운으로 남을 할머니와 작별을 하고 바간코브스코예 묘지로 향했다. 묘지 입구에서 예세닌과 음유시인 블라디미르 세묘노비치 비소츠키와 조지아(Georgia) 출신의 가수 불라트 샬보비치 오쿠자바의 영혼 앞에 바칠 빨간 카네이션 세 송이를 샀다.

자작나무처럼 눈부시게 하얀 돌에 조각된 시인의 묘는 어렵지 않게 찾을 수 있었다. 제2의 알렉산드르 세르게예비치 푸시킨으로, 프랑스 천재 시인 랭보와 견줄 만한 천재 시인 예세닌이 눈앞에 있다. 뭇 여성들의 인기를 한 몸에 받았다는 시인의 잘생긴 얼굴이 은빛처럼 빛났다. 감동이 밀려왔다. 나는 자살로 생을 마감한 러시아 혁명기의 두 불운한 천재 시인을 생각했다.

이 세상에서 죽는다는 것은 새삼스러운 일이 아니지,

하지만, 산다는 것 역시 더 새삼스러울 것 없는 일이지.

— 세르게이 예세닌, 김성일 역, 《예세닌 시선》, 〈안녕, 친구여, 안녕〉, 지식을만드는지식, 2012

인생에서 죽는다는 것은 어렵지 않지,

살아내는 것이 더 어렵다네

— 마야콥스키의 화답 시

(고두현, '[이야기 시] 맨발의 이사도라 덩컨이 한눈에 반한…', 〈한국경제〉, 2017.10.17)

예세닌의 유작 시 마지막 구절에 화답을 하여 화제가 되기도 했다는 혁명 시인 마야콥스키(Vladimir Vladimirovich Mayakovskii, 1894~1930)의 화답 시를 생각한다.

죽음은 자신이 짊어진 고통으로부터 놓여나는 것이지만, 삶은 고통을 짊어지고 가야 하는 것이므로 산다는 것이 더 어려운 일이리라. 하지만 살아내야 한다. 내 삶의 몫을 책임지기 위해 오늘도 나는 걷는다.

〈자작나무〉를 부르는 여가수의 애절한 노래를 들으며 오쿠자바와 비소츠키의 묘를 찾아 발걸음을 옮긴다. 한때 은빛처럼 찬란한 세상을 꿈꾸었을 시인의 청춘과 남편의 눈부셨던 젊음을 생각한다.

사랑은 음악을 타고
독일 라이프치히, 츠비카우

낭만을 즐겨라

16일간의 폴란드 여행을 마친 나는 2019년 6월 14일 마워폴스키에주 비엘리치카(Wieliczka)에서 나이세강 국경을 넘어 베를린에 도착했다. 여고 시절 배웠던 독일어가 간간히 생각나서 낯설지 않은 나라다. 한때 보석디자인 공부를 계획했던 내게 독일은 가슴속에 잠재되어 있는 특별한 곳이다.

독일 남부지방에서 생산하는 생맥주 뤼프처 맥주(약간 쌉쌀하면서 부드러운 맛이 특징이다) 한 잔으로 갈증을 해소하고 거리로 나섰다. 슈프레강을 품고 있는 베를린 궁전과 역사박물관, 국립미술관 등이 눈부시다. 강 건너 몬비쥬, 제임스 사이먼 2개의 주립공원이 사람들로 가득했다. 연인끼리, 처음 보는 사람끼리, 동성 친구끼리 손을 맞잡고 춤을 추는 이들이 부럽다. 자유로움과 낭만을 즐길 줄 아는 사람들은 과거 동독이라는 어둡고 차가운 분위기를 연상했던 내 선입견을 완전히 깨트리고 있었다. 희고 긴 수염이 매력적인 할아버지(베를린에 머무는 5일 내내 파트너를 바꿔가며 춤을 추는 할아버지를 볼 수 있었다)가 프랑스 여배우 줄리엣 비노쉬를 닮은 여인의 손을 잡고 춤을 추었다. 그들의 모습이 한 편의 영화처럼 아름다웠다.

호스텔에서는 결제를 두 번 중복한 것으로 모자라 제임스 사이먼 공원 레스토랑에서는 음식값을 두 배로 받으려다가 내 레이더망에 걸린 직원의 속임수에 잠시 맘이 상하기도 했지만, 자유와 낭만이 가득한 모습으로 다가와준 베를린은 독일 여행에 대한 기대로 나를 한껏 부풀게 했다.

베를린 필하모닉 오케스트라 공연에서 듣게 된 〈여인의 사랑과 생애〉에 대한 감동을 잊지 못하며, 나는 로베르트 알렉산더 슈만(Robert Alexander Schumann, 1810~1856)과 클라라 조세핀 비크 슈만(Clara Josephine Wieck Schumann, 1891~1896)을 만나기 위해 내 심장이 먼저 라이프치히로 달려가고 있다.

여성은 예술보다 높은 위치에 있다

베를린에서 5일을 머문 후 로베르트와 클라라의 영혼을 만나기 위해 음악의 도시 라이프치히(Leipzig)로 이동했다. 예약한 호스텔이 올드타운 중심에 있어 음악의 밤을 편하게 즐길 수 있었다.

다음 날 방문한 슈만 하우스. 클래식 스타일의 집은 로베르트와 클라라가 행복한 신혼 4년(1840~1844)을 보낸 곳이다. 두 사람이 가장 행복했던 때 보낸 이곳이 예술가 커플을 위한 최초의 음악 박물관이 된 이유였다.

슈만 부부는 동료 작곡가 멘델스존과 헝가리 출신 피아니스트 프란츠 리스트(Franz Liszt)와 같은 유명한 음악인들을 정기적으로 초대했는데, 특히 멘델스존은 〈봄의 노래〉를 작곡하여 클라라에게 헌정했다고 한다.

"내 모든 음악이 내 영혼에서 나옵니다." 로베르트는 그의 말대로 수많

* 로베르트와 클라라가 4년을 보낸 라이프치히의 신혼 집

은 영혼의 곡들을 작곡했는데, <사랑의 봄 Op. 37>과 클라라가 라이프치히 게반트하우스(Gewandhaus)에서 초연한 <피아노 5중주 Op. 44>는 아내와 함께 공동으로 제작한 것이라고 한다.

"여성은 예술가보다 훨씬 더 높은 위치에 있습니다." 로베르트의 작곡방에 있는 글이다. 삶에서 느낀 사랑의 아픔과 기쁨을 노래하도록 영감을 주었던 피아니스트 클라라는 남편과 동등한 위치에서 사랑을 나누고 존경했던 현명한 여성이었던 듯하다. 가장 바람직한 부부로 살았던 두 사람. 여성을 예술보다 높은 위치에 두고 존경했던 로베르트의 진보적인 사고는 현대를 살아가고 있는 이들에게 귀감이 될 법도 하다. 그들이 가진 천재성보다 그들이 지니고 있었던 인성과 진보적인 사고가 더 인상적이다. 부부로 살았던 두 예술가의 집에서 내가 느낀 감동은 바로 그것이다. 적어도 그 틀에서 크게 벗어나지 않았던 남편과의 지난 삶이 위로가 되는 순간이었다.

가이드가 오후 한국 유학생이 참석하는 연주회가 있다고 말해주었다.

라이프치히 음대 석사과정에 재학 중인 이호빈 바이올리니스트가 들려준 BWV 1079 〈음악적 헌정〉(프리드리히 2세 대왕의 주제를 이용한 6성 푸가로 바흐 사망 3년 전에 작곡했다)은 이국에서 내 동포의 마음을 듣는 것 같아 벅찬 감동을 주었다.

"후손은 우리를 한마음과 한 영혼으로 여겨야 합니다." 슈만 홀에서 마치 우리들에게 당부하는 듯한 이 글을 읽으면서 마음과 영혼이 하나였던 그들의 완전한 사랑에 위로를 얻는다.

이건 리얼리아!

라이프치히에서 츠비카우(Zwickau)까지는 79킬로미터의 거리다. 기차를 타고 약 2시간을 달려 역에 내렸다. 태양이 뜨거운 탓이었을까? 인적이 드문 거리를 30분 이상 걸어 도착한 곳은 로베르트 슈만 기념비가 있는 광장이다. 로베르트는 왼손으로 턱을 괴고 사색에 잠긴 채 의자에 비스듬히 앉아 있다.

기념비가 잘 보이는 레스토랑 야외 테이블에 앉았다. '도시가 차분하고 조용하여 사색하고 있는 로베르트와 묘하게 어울린다'는 생각이 들었다. 영화 〈클라라〉(2008)에서 정신착란 증세로 괴로워하던 로베르트(배우 파스칼 그레고리)의 모습이 떠오른 탓일까? 내겐 천재들의 광기와 고독마저도 부럽다. 그런 광기와 고독이 만들어냈을 불멸의 작품들, 사실은 그것이 부러운 것이리라. 어리석게도 환경을 탓하며 용기 있게 나아가지 못한 나약했던 젊은 날에 대한 후회다. 이 맑고 청명한 날에 사색에 잠겨 있는 남자를 보고 있노라니 나도 모르게 센티해지려고 한다.

* 츠비카우에 있는 로버트 슈만 기념비와 음악가 생가

* 로베르트 슈만의 교향곡 1번 악보 사본

그곳에서 350미터 거리에 있는, 음악가가 태어나고 자란 생가로 향했다. 로베르트와 클라라의 이미지와 원본 문서들로 가득한 그곳은 내 눈을 번쩍 뜨이게 했다. 이곳은 피아노 등 두 사람에 관한 자료를 세계에서 가장 많이 수집한 곳이라고 한다. 그들의 영혼이 깃든 곳에서 숨결을 음미하고 있을 때쯤 아름다운 피아노 선율이 들려오는 게 아닌가. 소리를 찾아간 곳은 클라라 룸이다. 빨간 셔츠를 입은 은발의 남자가 한 남자에게 연주를 들려주고 있었다.

"와, 멋져요(Wow, Das ist toll)!" 그 순간을 놓칠 수가 없었던 나는 그의 모습을 동영상에 담고 연주가 끝나기를 기다렸다가 감동의 박수를 보냈다. "매우 감사합니다(Vielen Dank)!"

연주자가 씩 웃는다. "나는 한국에서 왔습니다. 감동적이에요. 당신은 피아니스트인가요?" "나는 영국 런던에서 왔는데 나를 위해 연주해주고 있어요." 나의 물음에 연주를 들은 사람이 대신 영어로 말해주었다. 2명의 카메라맨까지 대동한 영국 남자는 음악가에 대한 다큐멘터리를 찍는 사람일지도 모를 일이었다. 피아노 연주자에게 폰 번역기를 내밀며 설명을 부탁했다.

"나는 로베르트 슈만 하우스의 총감독 쥐노프치크(Synofzik)입니다."

* 로베르트 슈만 하우스의 총감독 쥐노프치크는 슈만의 피아노를 직접 연주했다. 맑고 투명한 소리에 내 영혼마저 투명해지는 듯했던 최고의 순간이었다.

그는 내 폰에 자신의 이름 스펠링을 직접 찍어주기까지 하며 친절을 베풀었다. 그가 방금 연주한 그랜드 피아노는 클라라가 피아니스트로서 처음 활동을 시작했을 당시 사용했던 것이라고 했다. 오스트리아 출신 피아노 제작자 루트비히 뵈젠도르퍼(Ludwig Bösendorfer)가 빈에서 1860년경에 만들었다니 160년이나 된 피아노인 것이다. 감동이다. 그가 방을 이동하여 자신의 가슴에 손을 얹고 눈을 지그시 감았다 떴다. '소리를 가슴으로 느껴보라'는 뜻인 듯했다.

"Okay!" 그가 피아노 앞에서 연주를 시작했다. 나에게도 익숙한 곡 <트로이메라이>다. 맑고 투명한 영혼의 소리에 내 모든 고뇌가 씻기는 듯했다. 예술가의 집에서 경험할 수 있는 특혜, 슈만 부부의 숨결이 스민 피아노 소리를 직접 듣게 된 이 최고의 순간이 준 위로는 그렇게 내 가슴속으로 스며들고 있었다.

로베르트 슈만의 무대 데뷔 장소, 세인트메리 대성당

문을 닫을 시간이 되어서야 쥐노프치크 감독에게 감사의 마음을 전하고 음악가의 생가에서 나왔다. 종일 그곳에 머물렀지만 좀체 가시지 않는 여운을 간직한 채 120미터 거리에 있는 세인트메리 대성당으로 향했다. 1810년 6월 14일, 로베르트 슈만이 세례 받은 곳이다.

1192년에 세워진 이 곳은 무수한 세월의 흔적을 가늠할 수 없을 만큼 고풍스럽다. 겸허하게 마음을 가다듬고 안으로 들어갔다. 다소 어둡지만 환상적인 분위기가 느껴졌다.

음악가는 1837년(27세) 당시 이 성당 오르간 연주자의 요청에 따라 이 곳에서 독일 피아니스트인 프리드리히 슈나이더(Friedrich Schneider, 1786~1853)의 오라토리오(Oratorio, 17~18세기에 성행했던 대규모 종교적 극음악) <최후의 심판> 공연에 피아니스트로 출연했다고 한다.

21세기를 살아가고 있는 내가 12세기에 지어진 성당 제단 앞에서 촛불을 켠다. 모든 행운이 내겐 기적이었음을 감사하고 싶은 순간이다.

쇼팽을 조우하다

폴란드 바르샤바, 젤라조바 볼라

나를 믿는 거야

12일간의 라트비아와 리투아니아 여행을 마치고 2019년 5월 30일 아침 7시, 빌뉴스(Vil'nyus)에서 바르샤바(Warszawa)로 가는 버스를 탔다. 폴란드 국경 검문소에서는 순조로운 입국 검사가 이루어졌다. 제2차 세계대전으로 독일과 소련에 분할 점령당했던 폴란드는 오시비엥침(Oświęcim, 독일어로 아우슈비츠) 강제수용소가 있는 곳으로 강하게 각인된 나라이다 보니 약간 긴장감이 느껴졌다.

바르샤바 자허드니 정거장에 도착하여 예약한 호스텔까지의 거리는 5.6킬로미터로, 족히 1시간 이상은 걸어야 한다. 무거운 배낭을 메고 걸어가기엔 무리가 될 듯도 했지만 이번에도 나 자신을 믿고 도전해보기로 했다.

가던 길에 바르샤바 봉기(1944년 나치 독일에 점령된 바르샤바에서 일어난 독립 무장봉기) 기념비를 만났다. 나치의 무자비한 진압을 보는 듯해 섬뜩했다. 우리나라의 슬픈 역사와 닮아 있는 폴란드의 역사 앞에서 조금 전 느꼈던 긴장감은 사라지고 따뜻한 동질감이 느껴졌다.

호스텔에 도착하여 폴란드 전통 만두집 자피에첵(Zapiecek)에서 늦은 점심을 먹기로 했다. 맛집으로 여행객들에겐 꽤나 유명한 듯했다. 전통 옷을 입은 아가씨가 추천해준 만두 피에로기(Pierogi)를 주문했다. 밀가루 반죽 안에 다양한 소를 채워 만든 것이 우리나라 만두와 비슷했다. 처음 한두 개는 쫀득쫀득 먹을 만했는데 너무 느끼해서 한 번으로 족하지 싶다. 폴란드 맥주 크롤레프스키예 한 잔으로 느끼함을 씻는다. 약간 쌉싸름한 특유의 홉 향이 온몸으로 스며들자 긴장감과 어깨의 근육통이 풀어진다.

너의 심장은 뜨거운가

바르샤바는 프레데리크 프랑수아 쇼팽(Frédéric François Chopin, 1810~1849)이 유년기와 10대 시절을 보낸 도시다. 음악적 재능을 키우고 콘서트와 살롱 생활을 했던 음악가의 숨결이 깃든 곳을 찾아 길을 나섰다.

쇼팽의 심장이 묻힌 성(聖) 십자가 성당으로 가는 길을 걷다 보면 중간중간에 쇼팽의 벤치를 만나게 된다. 의자에 앉아 플레이를 누르니 쇼팽의 피아노곡이 흐른다. 바르샤바 거리 곳곳에 쇼팽은 여전히 살아 있었다. 음악가의 숨결을 듣노라니 마음이 잔잔해진다.

1600년대 후반에 세워진 성 십자가 성당은 제2차 세계대전과 1944년 바르샤바 봉기 때 파괴되어 1945년부터 8년에 걸쳐 재건되었다고 한다. 유럽 여러 나라에서 봐왔던 성당들과는 다르게 지극히 소박하고 엄숙한 곳이다. 의식해서인지 안으로 들어서자 쇼팽의 심장이 묻힌 기둥이 먼저 눈에 들어온다. 39세 젊은 나이에 요절한 쇼팽은 자신의 심장을 고국으로 보내달라는 유언을 남겼으나 정치적인 이유로 96년이 지나서야 돌아와 조국을 품고 있었다. 음악가의 조국에 대한 사랑이 나의 심장을 뜨겁게 한다.

러시아에 대항하여 일어난 폴란드 혁명(1831)이 잔혹한 진압에 의해 실패로 끝났다는 소식을 듣게 된 쇼팽은 이때 겪은 분노를 담아 '혁명 에튀드'라는 별칭으로 알려진 Op.10, 12번을 썼다고 알려져 있다. '음악가는 위험에 처한 조국을 위해 자신이 가지고 있는 역량으로 독립운동을 했던 것은 아니었을까?' 피아노의 시인이라고 불리는 쇼팽의 섬세한 내면에서 분출되었을 격정적인 분노를 생각했다.

5월의 마지막 날 이른 저녁, 바르샤바 도시에 햇살이 멈추었다. 1945년 독립 전까지 이 땅 위에 드리워져 있었을 어둠의 그림자는 그 어디에도 없다. 쇼팽의 음악과 함께 바르샤바 사람들의 여유로운 모습과 지극히 평화로움만이 있을 뿐이다.

생의 한가운데 서서

쇼팽이 태어난 젤라조바 볼라(Żelazowa Wola)에 가기 위해서 이른 아침부터 서둘렀다. 마르자우코프스카 정류장에서 55킬로미터, 버스를 타고 약 1시간 10분 정도 달려 생가 앞에서 내렸다. 쇼팽의 모습을 조각한 많은 작품들이 먼저 맞이한다.

생가를 향해 걸어가는 길, 푸르른 하늘을 품은 숲에서 쇼팽의 피아노곡 〈녹턴〉이 잔잔하게 흐른다. 평화롭고 아름다운 이곳에서 내 아픈 영혼이 음악에 젖어든다.

유일하게 남아 있다는 쇼팽 일가가 살던 집 내부에는 그에 관한 자료

* 쇼팽의 음악이 흐르는 의자는 바르샤바 거리와 공원 곳곳에 설치되어 있었다.

들이 많지 않다. 부모님은 1806년 결혼하여 1910년에 쇼팽을 낳고 그해에 바르샤바로 영구 이주했으며 그 후로는 종교 축제와 여름휴가 때만 방문하곤 했다고 한다. 그 후 제2차 세계대전 당시 별관 내부가 병사들을 위한 야전병원으로 사용되었으며 전쟁이 끝난 후 건물을 개조하고 공원을 만들면서부터 가구와 물건들을 수집하기 시작하여 오늘에 이르렀다고 한다. 음악가가 태어난 방에는 현장 학습을 온 초등학생들의 열기로 가득하다. 천재 예술가를 둔 나라의 학생들만이 누릴 수 있는 특혜다.

나는 그곳에서 천재 피아니스트 쇼팽의 탄생과 죽음에 대해서 생각했다. 이른 나이에 요절한 쇼팽의 짧은 삶이 애잔하게 다가왔다. 굵은 삶을 살다 간 것이 위안이 되는 것은 아니리라. "신이 그를 필요로 하여 일찍 데려갔다"는 말은 남아 있는 자들이 스스로 위안을 받고자 만들어낸 말일 뿐이라는 생각이 든다.

정원 한가운데 박힌, 맑고 투명한 보석 같은 연못 앞에 남편의 숨결 한 움큼 놓는다. 생의 한가운데 서 있는 내가 무가치한 삶을 살지 않기 위해서 남은 생을 어떻게 살아내야 할까? 쇼팽의 음악은 나를 위로하며 오랜 시간 벤치에 누워 있게 했다.

영혼이 숨을 쉬다

6월의 바르샤바 날씨는 환상적이다. 느긋하게 맞는 일요일 오전, 와지엔키(Łazienki) 공원에서 열리는 쇼팽 야외공연을 보러 가기 위해 길을 나선다. 호스텔에서 공원까지는 4.5킬로미터의 거리다. 바르샤바 거리를 만끽하면서 걷다 보니 2시간이 훌쩍 넘어 공원에 도착했다. 일찍 몰려든 사

* 와지엔키 공원에서 쇼팽을 들었다. 최고의 공연이었다.

람들은 이미 가장 편한 상태에서 쇼팽의 음악을 듣기 위해 자리를 잡고 있다. 자유와 평화를 품은 아름다운 풍광에 마음을 빼앗기는 것은 순식간이다.

1909년에 탄생 100주년을 기념하기 위해 건립된 쇼팽 기념비는 여러 차례 우여곡절을 겪고 제2차 세계대전 당시 나치에 의해 폭파되었으나 복원하여 지금의 쇼팽 기념비가 된 것이라고 한다.

바르샤바 시민들은 1959년부터 매년 5월 중순부터 9월 하순까지 일요일마다 쇼팽 음악 콘서트와 유명 배우들의 낭만적인 시를 들을 수 있다니 그들이 참으로 부럽다. 특별한 준비도 형식도 필요하지 않은 시간, 단지 쇼팽을 들으려는 열린 가슴만 있으면 되는 것이다.

국제적인 활동을 시작하는 젊은 피아니스트들과 세계적인 폴란드 출신 피아니스트들을 통해 듣는 쇼팽, 감동적인 순간이었다. 이 자유롭고 열린 공간에서 나의 영혼은 비로소 숨을 쉰다. '음악이 주는 치유의 힘이란 이런 것일까?' 절망에 빠져 있을 당시 나는 음악을 듣는 것조차도 귀찮고 싫었다. 슬픔과 좌절에서 빠져나와야 할 때 가장 큰 위로가 되는 것은 음악임을 다시 상기한다.

통증마저 잊게 한 쇼팽

이틀째 다리 통증으로 잠 못 이룬 탓에 컨디션이 좋지 않았다. 여행 중에 처음 다가온 심한 통증은 참기 힘들 정도였다. 그래서 워낙 독해서 먹지 않던 라트비아 리가(Riga)에서 산 진통제를 먹어본다. 많이 걸어서 생긴 통증이라고 위로하며 주립 공원으로 산책을 갔다. 다음 날은 크라쿠프(Kraków)로 숙소를 옮겨야 되니 기운을 차려야 했다. 쇼팽의 피아노 의자를 찾아 그의 음악을 들으면서 마음과 육체의 평온을 찾은 후 1.5킬로미터 거리에 있는 쇼팽 박물관으로 향했다.

쇼팽 박물관은 바르샤바 음악 대학 근처에 개축한 17세기 저택에 자리하고 있다. 오늘은 수요일이라 무료 관람이다(유럽은 박물관을 무료로 관람할 수 있는 날이 정해져 있다). 장기 여행객에게는 반가운 일이다.

곳곳에 설치되어 있는 뮤직박스에서 여유롭게 음악을 감상했다. 쇼팽의 친필 악보, 마지막 2년 동안 사용했던 피아노, 바르샤바 음악 대학에 다닐 때 사랑에 빠졌던 소프라노 가수 콘스탄차 글라드코브스카(Konstancja Gładkowska)에게 보낸 친필 편지, 쇼팽에게 가장 많은 창작을 하도록 영감을 주었던 연인인 프랑스 소설가 조르주 상드(George Sand)의 머리카락과 쇼팽의 이니셜이 새겨진 손수건 등 작곡가의 숨결을 감상하는 동안 다리의 통증은 잊었다.

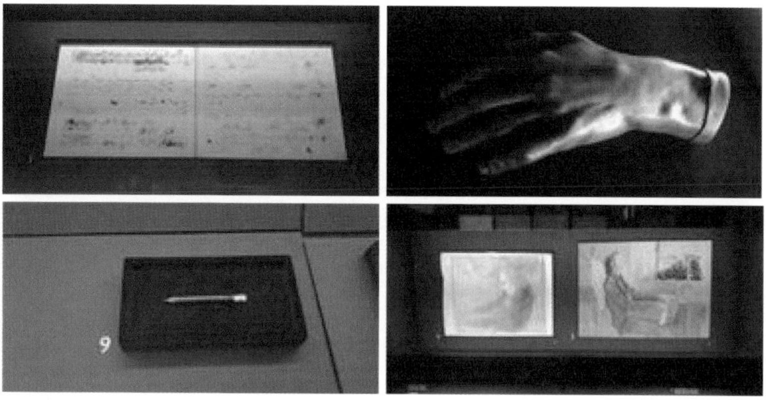

＊ 〈24개의 전주곡 Op.28〉 중 24번 D단조의 친필 악보 일부와 쇼팽의 손, 쇼팽이 작곡하며 사용했던 연필, 폴란드 화가 유제프 메치나 크르체시(Józef Męcina-Krzesz)가 그린 〈쇼팽의 모습〉(수채화)

철학가 쇼펜하우어(Schopenhauer)는 "인생의 고통을 잠시라도 잊게 해주는 것이 '예술'이다"라고 했다. 음악이야말로 육체적·정신적 고통으로부터 나를 구원해주는 최고의 진통제다.

공연 룸에서는 한국의 피아니스트 조성진이 연주하는 동영상이 방영되고 있었다. 또다시 고국 생각에 심장이 뜨거워졌다. 박물관 문을 닫을 시간까지 쇼팽의 음악을 들으며 내 아픈 육체와 영혼에 치유의 힘을 건넸다.

대문호 톨스토이의 기억
러시아 모스크바, 툴라

배짱 있게 도전하라

모스크바에서 지낸 지 2주일이 되어갈 무렵의 일이다. 러시아에서는 한 지역에 일주일 이상 거주할 경우 거주지 등록증이 있어야 한다. 등록증은 여권을 주면 알아서 숙박지에서 발급해주는데, 당시 나는 호스텔 측 실수로 거주지 등록증을 받지 못한 상태였다. 등록증이 없는 상태에서 경찰에 걸리면 벌금을 내야 하는데 새로 옮긴 에어비앤비 호스트 티나에게 등록증 발급을 요청했으나 모스크바에 온 지 2주나 되어서 발급이 어렵다고 했다.

인터넷으로 문의하여 대답이 올 때까지 기다려야 하는 번거로움 대신 한국 대사관으로 찾아가서 문의하기로 했다. 여행을 오랫동안 하면서 쌓인 요령 덕분이다. 키예프스키역 근처 보그단 크멜니츠키 다리를 건너자 한국 대사관이 보인다.

대사관에서는 "이 문제는 러시아 측 관할이라 도와줄 방법이 없지만 다른 지역으로 옮길 때까지 경찰의 검문만 없으면 괜찮을 거예요"라며 나를 안심시켰다.

'그래, 상트페테르부르크로 가기 전까지 아무 일 없을 거야. 이번에도 행운의 여신은 나를 도와주겠지. 일어나지 않은 일로 미리 걱정하느라 여행을 망칠 수는 없어. 닥치면 문제를 해결하면 된다. 배짱 있게 맞서보는 거야.' 이렇게 마음먹자 한결 마음이 편해진다(실례로 35일 머무는 동안 한 번도 검문을 받은 적이 없다).

'대사관 주변에 있는 데비치에 폴리에(Devichye Poly) 공원을 산책이나 하고 가자'는 생각에 들어서자 거대한 톨스토이 기념비가 눈에 들어온다. 지도를 검색해보니 공원에서 500미터 거리에 톨스토이 하우스가 있었다. 다음 계획에 있던 레오 니콜라예비치 톨스토이(Leo Nikolayevich Tolstoy, 1828~1910)의 모스크바 하우스는 그렇게 당장 방문하게 되었다.

대문호의 성실성

노란 건물에 초록 지붕 집, 톨스토이 거리에는 작가가 1885년부터 1898년까지 13년을 살았던 집이 있다. 건물 뒤편으로 넓은 정원이 있는데 겨울이라 나무들이 모두 벌거벗었지만 잎들이 무성할 때는 매우 아름다운 숲으로 변할 듯했다.

"집은 물건들로 가득 차 있지만 나는 외롭다. 이곳에서 중요한 것은 부지런히 책을 쓰다가 고요히 산책하는 것이다." 톨스토이가 일기에 쓴 내용이다. 정원 한쪽에 있는 언덕에 올라가 글을 쓰곤 했다는 작가는 산책하는 일을 상당히 즐겼던 듯하다.

11개의 창문이 있는 가장 큰 홀로 들어선다. 톨스토이 부부는 이 홀에

* 모스크바에 있는 톨스토이 하우스
* 톨스토이는 종종 이 언덕에 올라 사색을 하고 글을 썼다고 한다.

소설가 안톤 체호프, 막심 고리키 등 유명한 작가들을 초대하여 책을 읽고 체스를 즐겼다고 한다. 특히 음악을 예술의 가장 높은 위치에 둔 톨스토이는 피아니스트 세르게이 라흐마니노프, 작곡가 알렉산드르 스크랴빈 등 음악인들도 자주 초대하여 피아노 연주를 듣곤 했단다. '한때 스스로 사유재산을 소유하지 않겠다고 했던 이상주의자 집치고는 화려하다' 싶은 생각이 들었다. 어쩌면 지극히 현실주의자였던 아내 소피아의 욕망인지도 모를 일이다. 나는 그 홀에 모인 문화인들에게 들려주었다는 톨스토이의 육성을 직접 듣는 행운을 얻을 수 있었다.

"살아 있는 동안 좋은 일 많이 하라." 《사람은 무엇으로 사는가》에서 작가는 인간은 사랑 속에서만 살아갈 수 있음을 얘기한다. 작가의 육성을 통해 들은 메시지가 그런 의미로 받아들여졌다. 자신이 다하지 못한 봉사의 삶을 살기를 바랐던 남편의 유언을 다시 챙겨야 함을 생각하며 가슴이 뭉클해져왔다.

녹색 벽과 커튼이 드리워진 곳이 작가의 집필실이다. 그는 이곳에서 매일 오전 9시부터 10시까지, 오후 3시에서 4시까지 집필에 전념했다고 한다. 책상 위에는 작가가 사용한 펜과 잉크, 신문, 놋쇠 촛대 등이 놓여 있다. 정원 숲에서 깊은 사색을 하며 생각을 정리한 작가는 이 묵직한 책상 앞에서 규칙적인 집필 활동을 했으리라. 대문호의 성실함에 숙연해진다.

작가를 꿈꾸며 공부하던 때에 '무조건 오랜 시간 책상 앞에 앉아 있어야만 된다'고 생각하며 전전긍긍하던 내 모습을 떠올렸다. 깊은 사고와 자신의 철학 없이 쓰는 글이 얼마나 허무한 글이 될 수 있는지를 생각했다.

모스크바로 강의하러 한국에서 오신 83세 노 교수님과 함께한 고려인 가이드의 해설을 살짝 엿들을 수 있었던 것은 행운이었다. 노 교수님은 여

* 묵직한 책상 앞에서 집필에 집중하는 톨스토이를 상상했다.

성 혼자 1년 8개월째 여행한다니 놀랍다며 여행기를 꼭 써서 보내달라고 거듭 당부했다. 가르치고 있는 젊은이들에게 내 얘기를 들려주고 싶다는 노 교수님의 열정이 아름답다.

너는 행운아야

이른 아침 크루스키야 기차역에서 이리나를 만났다. 툴라(Tula)까지 함께 가기로 했기 때문이다. 이리나는 돈스코야 공원묘지에 있는 세라핌 정교회에서 만난 빅토르 신부님의 아내(러시아 정교회에서는 신부님들이 결혼을 한다)다. 사할린에서 50년을 살았다는 빅토르 신부님은 고려인들에 대한 애정이 남달랐다.

성물(聖物)을 파는 곳에서 일하는 이리나는 16세기 수도원에 안장된 《이반 데니소비치의 하루》를 쓴 노벨문학상 수상 작가 '알렉산드르 솔제

* 야스나야 폴라나역 박물관에는 톨스토이가 사용한 물건들이 전시되어 있다.

니친'의 묘를 안내해준 인연으로 친구가 되었다(후에 이리나는 세르기예프포사트를 여행시켜줬다).

툴라 역에 도착하여 이리나는 치매에 걸린 친정엄마를 보러 가고 혼자 톨스토이 생가에 가기로 한다. 다시 기차를 타고 야스나야 폴랴나(Yasnaya Polyana)역에서 내렸다.

톨스토이는 이 역에서 모스크바행 기차를 타기도 하고, 친구를 만나거나 편지를 찾아가곤 했는데, 1910년 11월 7일 톨스토이 시신이 담긴 관이 이 역에 도착했다고 한다. 자그마한 박물관에는 톨스토이의 옷과 여행가방, 지팡이, 장갑 등 작가가 사용했던 물건들이 전시되어 있다. 그래서인지 러시아 사람들은 이 역을 '톨스토이역'이라고 부르기도 한다.

그곳에서 미국 콜로라도 전문대학생들과 우연히 합류하게 되었다. "당신은 행운아네요. 루블을 내지 않아도 되니 우리 버스를 타고 가세요. 톨스토이 생가를 본 후에 일정이 어떻게 되나요?" "오후 5시 50분 기차를 타고 모스크바로 돌아갈 거예요."

가이드 디마는 학생들 기차 시간과 같으니 이 버스를 타고 툴라역까지 가면 된다며 친절을 베풀었다. 디마, 그는 내가 툴라에서 만난 행운이었다.

이제 조금씩 당신을 놓을게요

톨스토이 생가 정문 입구로 들어서자 하늘을 품은 아름다운 연못이 눈앞에 펼쳐졌다. 영화 <톨스토이의 마지막 인생>의 한 장면이 떠오른다. 저작권을 사회에 환원하는 문제로 톨스토이와 끝없는 충돌을 했던 소피아가 남편이 가출한 것을 알고 충격에 빠져 몸을 던진 연못이다. 맑고 투명한 수면 위로 소피아 역을 맡았던 영국 출신 영화배우 헬렌 미렌(Helen Mirren)의 자살 시도 장면이 생생하게 떠오른다. 사랑한다고 하면서도 가치관이 달라 서로를 이해하지 못했던 그들의 불행한 말로가 씁쓸하게 다가왔다.

생가까지 가기 위해서 하얀 자작나무 길을 걷는다. 작가는 가문의 영지인 이 집에서 태어나 1910년 사망할 당시까지 50년 이상을 살았다고 한다. 1862년 소피아와 결혼하여 13명의 자녀를 둔 톨스토이는 가족이 늘어남에 따라 여러 개의 방을 추가했는데 가족과 손님들이 늘 모였던 6개의 창문이 있는 넓은 홀과 집필실이 흥미를 끌었다. 작가는 절친이자 시인 아파나시 페트(Afanasy Fet)에게 새 집필실에서 《안나 카레니나》(1877)를 집필했다고 편지를 썼다.

《전쟁과 평화》(1864~1869)와 함께 위대한 작품이 탄생된 곳에 서 있다는 생각에 가슴이 뭉클했다. 숨 막히는 전율과 감동이 고스란히 전해져

* 야스나야 폴랴나 생가와 야스나야 폴랴나 영지에 있는 연못

온다. 영지 안에 학교를 만들고 소작농 자식들을 가르쳤던 작가의 서재에 있는 수많은 책을 비롯하여 그림이며 가구, 식기류 등 작가 가족이 사용했던 진품 그대로라고 한다. 1910년 분위기가 여전히 남아 있는 대문호의 생가에서 작가의 삶과 문학을 만날 수 있었던 시간은 오래도록 내 영혼 속에서 큰 힘이 되어주리라.

톨스토이 묘는 영지 안에 있는 약 150년이 된 올드 오더(Old Order)라고 불리는 숲에 있다. 작가의 생가에서 약 6킬로미터 거리를 걸어 그의 묘 앞에 선다. 사망하기 전부터 이곳에 묻히기를 요청했다는 톨스토이는 고요한 숲에서 안식하고 있었다. 러시아 대문호의 무덤치고는 너무도 소박하고 단순하지만 녹색 둔덕을 이루고 있는 묘는 이색적이다. 무덤 앞에는 묘비도 십자가도 없지만 사유재산을 거부했던 작가는 이 숲의 평화와 고요함을 대신 얻었으리라. 숙연함이 느껴지는 이 소박한 묘 앞에서 물질에 집착하지 않는 삶의 필요성을 생각하게 되는 것은 자연스러운 일이었다.

자신이 원하는 곳에서 평화를 얻은 톨스토이의 영혼 앞에서, 한 그루 나무로 서 있는 남편을 생각했다. 남편의 숨결 한 움큼 이곳에 놓으며 햇살과 바람과 숲을 벗 삼고 있는 그를 이제는 조금씩 놓아도 되겠다는 생각을 한다.

"디마! 마음을 나눠 줘서 고마워요." "내 마음 깊은 곳에서 시킨 일입니다." 디마는 노년의 톨스토이를 닮아 있었다. 그의 순박한 미소를 마음속으로 받아들인다.

* 올드 오더에 있는 톨스토이 무덤. 대문호의 소박한 무덤은 많은 것을 생각하게 했다. 나는 작가의 묘 앞에서 비로소 남편의 영혼을 조금씩 놓아도 되겠다는 생각을 했다.

폴 세잔의 물의 도시
프랑스 엑상프로방스

우왕좌왕 엑상프로방스

리옹(Lyon)에서 생텍쥐페리를 만나고 2018년 11월 13일 화가 폴 세잔(Paul Cézanne, 1839~1906)의 흔적을 만나기 위해 엑상프로방스(Aix-en-Provence)로 향했다. 물의 도시라는데 시내 곳곳이 공사를 하고 있는 겨울의 엑상프로방스의 첫인상은 메마르고 어수선하다. 에어비앤비 숙소 안젤린의 집을 찾아 걸어간다. 집 앞에 도착하니 안젤린으로부터 주소가 잘못된 것이니 새로 보낸 주소로 오라는 메시지가 도착한다. 콕다쟝(Coq d'Argent) 거리 근처 아파트라는 것만 알고 우여곡절 끝에 찾아간 곳. 안젤린이 커다란 애완견을 데리고 헉헉거리며 뛰어온다.

"거기 있으라고 했잖아요!" 안젤린의 표정이 일그러진다. 내가 이동하는 바람에 마중 나온 안젤린과 엇갈렸나 보다. "죄송해요(파흐동, Pardon)!"

헤맨 것은 정작 난데 의사소통이 잘못된 탓이려니 하며 일단 사과를 한다. 무거운 배낭을 메고 낑낑거리며 계단을 오르는데 그녀는 팔랑거리며 올라간다. 청소하던 중이었는지 집안이 어수선하다. 이런 황당함이라니. 안젤린이 언제 화가 났냐는 듯 밝은 표정으로 친절하게 생활 규칙을 설명해주는 동안 그녀에 대한 서운한 감정이 눈 녹듯 사라진다.

"Welcome!" 안젤린의 남자친구 크리스토프가 와인을 들고 들어오며 유쾌한 목소리로 인사를 건넨다. 러시아인 안젤린과 프랑스인 크리스토프의 로맨스를 듣는 동안 우리는 이미 친구가 되어 있었다. 우왕좌왕했던 엑상프로방스의 첫날이 애완견 아지의 순한 눈빛 속으로 사라져 간다.

내면의 자유를 위하여

안식년을 맞아 엑상프로방스에서 살고 계신, 은사이신 소설가 이승우 교수님 부부를 만났다. 한국을 떠나온 지 383일 만에 이국에서 스승을 만나는 일은 생각보다 크게 다가왔다. 교수님 앞에 서자 설렘과 반가운 마음이 범벅이 되어 눈물이 쏟아지려는 마음을 애써 진정시켜야만 했다.

세잔의 숨결을 만나러 온 내게 교수님 부부가 안내한 곳은 세잔과 소설가 에밀 졸라(ÉmEile Zola), 알베르 카뮈(Albert Camus), 시인이자 영화감독 장 콕토(Jean Cocteau) 등 유명한 예술가들이 자주 찾았다는 유서 깊은 카페 '레 되 가르송(Les Deux Garçons)'이다. 카페가 있는 미라보 거리는 17세기 마차가 다니던 넓은 길 그대로 보존되어 있어 사람들의 발길이 끊이지 않는 활기찬 곳이었다. 어제 느꼈던 메마른 분위기와는 전혀 다른 생기 넘치는 미라보 거리의 매력에 금세 빠져든다.

우리는 세잔의 그림 <카드 놀이하는 사람들>이 잘 보이는 곳에 앉아 여행 이야기를 나누었다. 예술가들을 찾아다니는 여행이 가져다준 치유를 책으로 쓰면 좋겠다는 교수님의 조언이다. 그러기 위해서 이제는 아픔을 드러내놓으라신다. 그래야 내면이 자유로워진다는 교수님의 위로가 가슴 깊이 들어온다. 건드리면 터질 것 같은 두려움 때문에 상처를 자꾸만 안으로 꽁꽁 싸매두었던 붕대를 조금씩 벗겨내고 싶다는 작은 용기가 꿈틀거렸다.

교수님이 다음으로 안내한 곳은 세잔과 졸라가 함께 다녔다는 카흐디날 가에 있는 미녜(Mignet) 중학교(세잔이 다닐 때는 고등학교)다. 지금도 명문학교라 한다. 내부를 들어가볼 수 없어 아쉬웠지만 이 학교에서 처음 만나 절친한 친구가 되어 30년 이상을 서로의 작품을 경외했던 두 예술가의 차원 높은 우정을 생각했다. 후에 졸라가 19세기 말 파리 예술가들의 삶과 현실을 매우 사실적이고 흥미롭게 그린 소설 《작품》의 내용이 자신을 우롱한 것이라고 오해한 세잔은 졸라와의 우정을 끝내버렸지만 서로의 작품을 경외하고 작품 활동을 독려했던 두 예술가의 우정을 그린 영화 〈나의 위대한 친구, 세잔〉(2015)을 본 후 둘의 아름다운 우정은 내 가슴속에 새겨져 있던 터였다.

빛을 닮은 노란 빛깔의 도시, 교수님 부부와 함께 골목골목을 걸으며 얘기를 나눴던 시간은 앞으로도 걸어야 될 여행길에 마음의 동무가 되어 주리라.

빛을 찾아서

아침에 일어나니 제법 비가 많이 내린다. 가을에 내리는 비는 종종 마음을 센티하게 만든다. 자리를 훌훌 털고 일어나 세잔의 아틀리에를 가기 위해 우산을 챙겨 숙소를 나선다. 로통드(Rotonde) 분수 옆에, 화구를 메

* 비를 맞고 있는 세잔
에게 우산을 씌워주
며 위로를 받다.

고 야외 작업을 나가는 세잔의 동상이 비를 맞고 있다.

"봉주르 세잔!" 엑상프로방스에 머무는 동안 매일 세잔에게 와서 아침 인사를 했다. 잠시 걸음을 멈추고 세잔에게 우산을 씌워주며 마음의 위로를 받는다. 지나가던 할머니가 웃으며 사진을 찍어주겠단다. 세잔이 미소를 짓는 듯한 환상에 젖어 잠시나마 행복했던 순간이었다.

폴 세잔 거리에 있는 '로브 아틀리에(l'Atelier des Lauves)'에 도착하자 언제 비가 내렸냐는 듯이 해가 뜬다. 세잔의 아틀리에를 제대로 감상할 수 있음에 감사하다. 세잔이 직접 도면을 그려 지은 아틀리에에서 세잔은 1902년에서 1906년까지 그의 생애 마지막 4년을 보냈다고 한다.

실내로 들어서자마자 눈길을 끈 것은 3개의 시리즈 <목욕하는 사람들>을 완성시키고자 설치한 대형 이젤이다. 자연 채광을 위해 북쪽 벽 전체를 유리로 설치하고 남쪽은 2개의 창문을 내어 종일 햇빛이 들도록 지어진 아틀리에에서 고개만 돌리면 보이는 푸른 나무들, 꿈의 작업실이었다. 화구와 물감, 오일, 작업복, 테이블 위의 작은 그릇 안에 담겨 있는 사과들, 세잔은 방금까지도 이곳에서 그림을 그리다가 산책을 나간 듯하다. 유명한 <사과> 외 많은 정물화들은 이런 화구들과 시시각각 변하는 빛의 변화 속에서 탄생되었으리라.

비온 뒤의 싱그러운 정원에 다시 비가 내리기 시작한다. 잠시 정원을 산책한 뒤 아틀리에서 500미터 거리에 있는 '화가들의 땅'이라 불리는 전망대를 향해 걸었다. 세잔은 사방이 탁 트인 이곳에 자주 올라 생트빅투아르산(Mont Sainte Victoire)을 주제로 수채화 17점과 유화 11점을 그렸다고 한다. 다시 흐려진 날씨 탓에 생트빅투아르산을 볼 수 없어 아쉬웠다. 고열의 몸으로 정원 관리인 발리 씨의 초상화를 마지막으로 그렸다는 로브

* 세잔의 로브 아틀리에

정원으로 향했다. 각기 다른 날짜와 시간대별로 그려진 생트빅투아르산 그림들이 전시되어 있다. '다채로운 색감과 모습을 하고 있는 세잔의 산 생트빅투아르를 이렇게 자세하게 본 적이 있던가?' 감동 그 자체였다. 그림들을 비교하며 보는 동안 내게 생트빅투아르산은 반드시 가보고 싶은 곳이 되고 있었다.

화가가 숨을 거둔 불르공(Boulegon) 거리에 있는 아파트로 향했다. 문이 닫혀 있어 내부를 볼 수 없었지만 잠시 그 앞에서 세잔이 빛을 찾아왔던 이 도시에서 나의 빛을 찾을 수 있기를 기도했다.

아~ 생트빅투아르산!

안젤린이 준 초콜릿 팬케이크로 간단하게 아침을 먹고 생트빅투아르산을 보기 위해 물랑 세잔(Moulin Cézanne)이 있는 톨로네(Tholonet)로 가는 버스를 탔다. 마을에 도착하여 단풍 든 가로수 길을 따라 가을을 걷는다. 프로방스의 가을을 제대로 느끼고 있는 듯하여 감사한 시간이다. 톨로네 시청에서 결혼을 하는 신랑·신부에게 행운을 부르는 라벤더 꽃가루를 뿌리며 축복을 빌어주고 기분 좋은 마음으로 다시 길을 걷는다.

물랑 세잔 타워에 오르자 눈처럼 하얀 생트빅투아르산의 숨 막히도록 아름다운 정경이 눈앞에 펼쳐진다. 신이 주신 아름다움이라고 했던 세잔의 말이 가슴에 와 닿았다.

타워 문이 잠겨 있다. 근처 연기가 피어오르는 집 마당으로 들어갔다. "물랑 세잔에 세잔의 그림들이 있나요?" 집 주인인 듯한 중년 남성이 지금은 세잔의 그림이 없다고 했다. 그의 아내가 나오더니 생트빅투아르산

* 생트빅투아르산

에 태워다주겠다고 한다. 뜻하지 않은 행운에 가슴이 뜨겁다. 미레이, 그녀의 승용차를 타고 병풍처럼 펼쳐진 생트빅투아르산을 감상하며 물랑 세잔에서 14킬로미터 거리에 있는 퓌루비에(Puyloubier) 마을에 도착했다. 미레이는 마을과 산, 포도밭 등을 둘러본 후 버스를 타고 자기 집 앞에 내려서 들르라고 한 후 돌아갔다. 퓌루비에는 생트빅투아르산 아래 12세기 중세에 조성된 아담하고 아름다운 마을이다. 그곳 정류장에는 세잔이 그린 생트빅투아르산 그림과 그에 대한 설명이 있다. 산 아래 펼쳐진 노랗게 물든 포도밭이 장관이다. 하얀 산과 푸른 나무, 붉은 빛깔의 땅과 포도밭, 중세시대 건물이 조화를 이루고 있는 마을. 타임머신을 타고 중세 마을에 와 있는 듯하다. 해가 이동함에 따라 산의 색깔이 시시각각 변한다. 세잔은 생트빅투아르산에서 자연의 색을 찾았으리라.

미레이가 상통(Santon)이라는 인형을 주었다. 생트빅투아르산 아래 붉은색 흙으로 빚은 남프랑스 지역 전통 옷을 입고 있는 인형이다. 미레이와 남편 올리버, 아들 캐빈의 환대까지 받고 시내로 오는 버스에 올랐다.

마치 시간 여행을 다녀온 듯했던 몽환적인 하루, 세잔 시네마(Cinéma Le Cézanne)에서 가수 프레디 머큐리의 이야기를 다룬 영화 <보헤미안 랩소디> 속으로 또 한 번 시간 여행을 했다. 엑상프로방스 사람들과 함께 열광의 도가니 속에서 나의 꿈같았던 하루가 뒤섞이고 있었다.

* 미레이에게 선물받은, 붉은색 흙으로 빚은 인형

그림의 천국
네덜란드 암스테르담

겸손한 삶을 생각하다

네덜란드 황금시대의 화가 렘브란트 하르먼스 판 레인(Rembrandt Harmensz van Rijn, 1606~1669)은 마치 그림 안에 조명을 켜놓은 듯, 빛과 어둠을 절묘하게 이용하여 내면의 모습까지 들여다보게 한다. 암스테르담(Amsterdam)에서 지나쳐 갈 수 없는 화가가 바로 빛의 화가로 알려져 있는 렘브란트다.

반 고흐 미술관과 네덜란드 국립 미술관을 관람한 후 2019년 7월 18일, 렘브란트 집을 방문했다. 렘브란트가 1639년에서 1658년까지 20년 동안 살면서 <회화와 에칭>(산의 부식작용을 응용한 판화) 등 걸작을 탄생시켰던 집이다. 화가가 태어난 해에 지어졌다는 암스테르담 중심부 신트 안토니스브리스트랏(Sint Antoniesbreestraat) 거리에 자리한 17세기 저택, 초록색과 빨간색 나무 여닫이문들이 눈길을 끈다.

스승 피터르 라스트만(Pieter Lastman)과 최고의 화가들, 부자와 엘리트들이 살았던 곳에 화가가 집을 살 수 있었던 때는 초상화를 그리면서 전

* 렘브란트가 20년 간 살면서 걸작들을 탄생시킨 17세기 저택

성기를 누리던 30대 때다. 네덜란드 경제가 기울던 때와 맞물렸던 렘브란트의 사치스럽고 교만했던 생활은 1656년 화가를 파산에 이르게 한다. 현재 집에서 약 17킬로미터 거리에 있는 잔담(Zaandam) 지방 로젠그라흐트(Rozengracht) 지역으로 이사한 렘브란트 집은 19세기에 모두 철거되어 지금은 화가가 12년 동안 살았다는 기념패만 있을 뿐이다.

인생에 굴곡이 없는 사람이 있을까? 그러나 렘브란트의 파산이 씁쓸한 이유는 최고 높은 위치까지 올라간 이후에는 내려오는 일만 남았다는 것을 간과했다는 것이다. 삶의 겸손함을 알았다면 화가는 자신의 안정된 삶을 지킬 수 있었을까?

화가의 각 방에서 발견된 가구며 그림, 에칭, 동상과 희귀한 오브제(objet)들은 1908년부터 집 내부를 재건하는 데 기초가 되었다고 하니 빛을 그린 렘브란트의 영혼의 숨결은 세월이 흘러도 건재하여 저택을 부활시킬 수 있었으리라.

빛으로 가득한 방

입구에 들어서자 1634년(28세)에 제작한 에칭 <사벨(Sabel, 칼)을 들고 있는 자화상>이 눈에 들어온다. 아주 미세한 굵기의 연필로 명암을 넣어 세밀하게 묘사한 듯하다. 눈앞에 있는 에칭 작품들이 신기하게 다가왔다.

화가의 삶을 본격적으로 볼 수 있는 2층으로 올라갔다. 마치 미술관처럼 벽에 걸린 수많은 그림들이 눈길을 사로잡는다. 화가는 이 장소에서 자신의 그림과 가르친 학생들의 그림, 네덜란드 거장들의 그림을 팔았다고 한다. 화가에게 부를 누리게 했던 방인 셈이다.

* 렘브란트의 에칭 룸과 침실. 거실 문 바로 옆 상자 안에 있는 렘브란트의 침대가 눈길을 끈다.

화가의 그림을 통해서 재현된 침실은 높은 천장의 벽에 성경 장면과 가까운 예술가들의 작품들로 장식되어 있다. '화가는 상자 같은 침대에서 잠을 잤다는데 17세기 침대 모습이 모두 이러했을까?' 싶을 정도로 매우 이색적이다.

시트지에 스케치한 작품들은 화가가 보이는 세상과 사물들을 얼마나 면밀히 관찰했는지 알 수 있게 해준다. 스케치들은 계속해서 사물이 어떻게 보이는지 연구하고 학생들을 위한 수업 자료로 사용되기도 했다고 한

* 램브란트의 〈사벨을 들고 있는 자화상〉(1643)과 〈난간에 기대어 있는 자화상〉(1639)

다. 화가의 에칭들 속에서 특히 나이에 따라 달라진 〈자화상〉들이 눈길을 끌었다. 렘브란트는 매일 일기를 쓰듯 100여 점의 〈자화상〉 회화와 에칭을 제작했는데 나이가 들어감에 따라 변하는 인간적 면모를 들여다볼 수 있는 재미에 푹 빠지게 했다.

화가가 1642년에 완성한 걸작 〈야경〉이 탄생한 커다란 룸, 화가는 창문을 통해 최적의 빛이 들어오는 이 방에서 수많은 걸작들을 그려냈으리라.

도우미가 렘브란트 시대에 물감이 어떻게 만들어졌는지, 화가는 물감을 어떻게 배합하여 명암의 효과를 냈는지를 설명했다. 다 알아들을 수는 없었지만 어렴풋이 이해할 수는 있었던 것은 렘브란트는 강조하고자 하는 부분을 임파스토 기법(impassto, 유화 물감을 두껍게 칠하는 기법)을 사용했다고 한다. 화가가 사용한 화구들과 학생들이 모델로 사용했던 무기와 석고 등이 스튜디오 전체에 흩어져 있어 마치 지금도 이용되고 있는 듯 화

* 렘브란트 시대에 사용한 물감

가의 숨결이 고스란히 남아 있었다.

5층 작은 스튜디오는 학생들을 가르친 곳이다. 낮은 천장과 창문 사이사이에 파티션을 놓아 최적의 빛이 들어오는 이상적인 환경에서 당대 최고의 스승에게 가르침을 받으며 그림을 그리고 있는 젊은 예술가들 속에서 감히 작업하고 있는 나를 상상한다. 가슴이 두근거리고 심장이 뜨거워졌다. 희망의 빛으로 가득한 방에서 나는 오랜 시간 머물렀다.

평범한 일상을 꿈꾸며

파리에서 3개월 머문 후 2020년 1월 24일 러시아 상트페테르부르크로 왔다. 2019년 5월 1일 상트페테르부르크를 떠나 핀란드, 에스토니아,

* 렘브란트 광장에 세워져 있는 화가와 〈야경〉 기념비. 광장은 늘 사람들로 붐빈다.

라트비아, 리투아니아, 폴란드, 독일, 네덜란드, 벨기에, 두 번째 방문하는 프랑스와 영국, 아일랜드, 스코틀랜드, 세 번째 방문하는 영국과 프랑스를 여행하고 8개월 만에 상트페테르부르크를 다시 방문한 것이다.

사실 이곳에서 잃어버렸던 카메라(핀란드로 넘어가기 직전 잃어버렸다)를 보관하고 있다는 연락을 받고 다시 찾긴 했지만 아쉬움이 너무 커서 다시 방문하고 싶었던 도시이자 유럽 지역 솅겐 조약(Schengen Agreement)으로 90일 이상 머물 수 없어 선택한 도시이기도 하다. 기회를 얻은 나는 세 달 동안 러시아 곳곳을 여행한 후 스페인으로 넘어갈 계획이었다. 그러나 갑작스럽게 밀어닥친 코로나19 사태로 상트페테르부르크에서만 머물게 된 지 두 달이 되고 있다. 이곳엔 아직 코로나19가 심각한 상황이 아니어서 조심스럽게 추이를 지켜보고 있는 중이었다.

마린스키 극장에서 한국인 발레리노 김기민이 출연하는 〈사랑의 전설〉과 〈지젤〉을 관람하고 갤러리아 백화점 시네마에서 2019년 개봉한 미국의 소설가 루이자 메이 올컷 원작 영화 〈작은 아씨들〉 등을 보는 시간은 한국에서의 생활과 별반 다를 것이 없는 평범한 일상이어서 코로나19 사태가 크게 와닿지는 않았다. 시인 푸시킨의 흔적들을 찾아다니고 상트페테르부르크 근접 국가 에스토니아 나르바(Narva)를 다녀오고 이곳에서 만나 알게 된 한국인 레스토랑 사장님 페체르 언니와 함께 코틀린섬에 위치한 크론시타트를 여행하는 시간은 러시아 여러 곳을 돌아다니는 그 이상의 행복을 주는 시간이었다. 평화롭게 살아지는 이 삶이 지속되기를 소망하며 나는 또 다른 내일의 희망을 꿈꾼다.

스탕달 신드롬(Stendhal Syndrome)

2020년 3월 8일, 이곳에 온 지 45일째 되는 날, 두 번째 예르미타시 미술관을 관람하기로 한다. 마침 세계 여성의 날이라 무료 티켓으로 관람할 수 있는 행운을 얻었다. 8개월 전 이곳을 방문했을 때 인상주의 화가들의 그림을 보느라 놓쳤던 렘브란트의 그림들을 보기 위해 먼저 구관으로 이동한다. 가이드의 도움을 받아 <돌아온 탕자> 앞에 선 순간 가슴 떨림으로 그 자리에 멈춰 서고 말았다. 아버지를 강요하여 재산을 물려받은 아들이 비참한 모습으로 돌아왔지만 관대한 태도를 보이는 아버지의 모습을 보는 순간 눈물이 쏟아졌다. '이게 무슨 일이지?' 스스로 주체할 수 없는 감정에 온몸이 나른해져 좀체 움직일 수가 없다. '스탕달 신드롬(유명한 예술작품을 보았을 때 순간적으로 느끼는 정신적 충동)'을 체험한 순간이었다.

"괜찮아요?" 놀라서 다가온 직원의 도움으로 가까스로 바닥에 주저앉았다. 흐르는 눈물은 감당이 되지 않았다. '나의 작은 눈 속에 이토록 많은 눈물이 있었던가?'

순간, 대학 다닐 당시 등록금을 날치기 당했을 때 아버지의 모습이 떠올랐던 탓이리라. 철두철미했던 아버지에게 실수란 용납되지 않는 것이었다. 나의 실수를 감싸주시던 아버지는 '돌아온 탕자' 속 아버지 모습이었다. 오히려 자식에게 다 해주지 못하는 상황을 서러워하며 커다란 손으로 당신의 얼굴을 감싸며 우시던 아버지의 모습이 오버랩되었다. 나는 지금 저 탕자처럼 긴 방황의 시간을 돌아 내 아버지 앞에 섰다. 가슴에 품고 등을 토닥여주는 아버지가 느껴져 아늑했다.

"막내야! 넌 지금 잘하고 있는 거야." 늘 따뜻한 눈빛으로 바라봐주시던 아버지의 음성이 들리는 듯했다. "문 닫을 시간이에요." 나는 따뜻한

* 러시아 상트페테르부르크 에르미타시 미술관에 있는 렘브란트의 〈돌아온 탕자〉(1668~1669). 방랑의 세월을 보낸 후 돌아온 아들을 감싸 안은 아버지 앞에서 스탕달 신드롬을 체험하며, 나를 위로하던 나의 아버지를 떠올렸다.

아버지 품에 안겨 있는 듯해 미술관이 문을 닫을 시간이 되었다는 안내원의 말을 들을 때까지 그 자리를 떠나지 못했다.

3장

긍정의 힘을 가지다

《빨강머리 앤》이 탄생한 곳
캐나다 샬럿타운, 캐번디시

도전이 나를 자유케 하리라

2018년 2월 20일부터 87일간의 미국 여행을 마쳤다. 화가 조지아 오키프, 그랜마 모지스, 소설가 오 헨리, 앤 라이즈, 마가렛 미첼, 어니스트 헤밍웨이, 루이자 메이 올컷, 극작가 테네시 윌리엄스, 가수 엘비스 프레슬리, 시인 에밀리 디킨슨, 로버트 리 프로스트 등 미국에서 만난 예술가들이 건넨 위로와 용기를 품고 2018년 5월 17일, 올버니(Albany)에서 캐나다 몬트리올(Montreal)행 기차에 올랐다.

160일간의 혼행을 돌아보며 잘해낸 나를 스스로 칭찬한다. 예술가들의 숨결을 듣기 위한 경로는 예술의 세계에 목말라 있던 내게 단비를 내려주는 '신의 한 수'였다. 이제는 낯선 곳에 대한 두려움보다는 새로운 곳에서 만나게 될 예술가들에 대한 기대로 가슴이 부푼다.

기차가 4시간쯤 달려 샘플레인(Champlain) 국경 검문소에서 멈춰 섰다. 검열관이 여권을 가져간 지 2시간이 훌쩍 지나고 있었다. 여행길에서 만난 우리나라 사람들은 한결같이 오픈티켓(탑승 날짜를 정하지 않은 티켓)으로 국경을 넘나드는 것은 무모한 도전이라고 이야기한다. 하지만 자유를 향해 끝없이 탈출을 시도한 끝에 성공하는 내용의 영화 〈빠삐용〉처럼 '도전 없이는 아무것도 얻을 수 없으리라'라는 생각을 했다.

검열관 3명이 내 배낭을 들고 자신들을 따라오라고 했다. 발목을 잡는 일은 생기지 않을 거라는 자신감을 가지고 '까짓것 부딪혀보자' 하며 심호흡을 길게 하고 나자 마음이 안정되었다.

2명의 남자 검열관이 배낭을 구석구석 뒤졌다. 가지고 있는 단벌옷과 카드, 한국에서의 직업과 재산 등을 꼬치꼬치 물었다. 예상했던 대로 오픈티켓으로 국경을 넘으려고 한 것이 문제가 된 듯했다. 여자 검열관이 캐나다 출입국 관리소에 전화를 걸어 한국인과 통화하게 해주었다. 그는 캐나다로 불법 입국하여 취업 활동을 할까 봐 그런 것이니 대답을 잘하면 문제없을 거라며 안심을 시켰다.

"나는 캐나다 여행을 마친 후 유럽으로 갈 거예요." 그들은 비로소 기차에 배낭을 실어준 후 "Thank you!" 하고 돌아간다. 멈춰선 지 3시간 만인 오후 7시 10분 드디어 기차는 국경을 넘어 몬트리올을 향해 달리기 시작했다. 비록 3시간을 붙잡혀 있었지만 결국 해냈다는 기쁨이 느껴졌다. 그 어떤 국경도 오픈티켓으로 빠삐용처럼 뚫고 가리라는 자신감이 불타올라 가슴을 뜨겁게 했다. '용기 있는 도전이 나를 자유케 하리라!'

너의 긍정의 힘을 나에게로

몬트리올에서 삭발에 가깝도록 머리카락을 잘랐다. 이집트 후루가다에 이어 이번이 두 번째다. "버려야 여행이 자유로워져요!" 한국을 떠나올 때 아들이 했던 말은 때때로 잡동사니들로 들어찬 마음을 비우게 하여 내 육신과 정신을 자유롭게 한다. 여행하는 내내 이러한 마음으로 다녔다.

한결 마음이 가벼워져 5월 25일 핼리팩스(Halifax)행 기차에 올랐다. 기차에서 1박을 하고 다음 날 오전에 도착한 나는 루시 모드 몽고메리(Lucy Maud Montgomery, 1874~1942)의 하숙집과 작가가 다녔던 달하우지대학교(Dalhousie University, 《빨강머리 앤》에서 주인공 앤 셜리와 친구 길버트 블라이스가 다녔던 대학교이기도 하다) 도서관에 들러 작가에 대한 자료를 찾아보았다. 주인공 앤 셜리의 긍정적인 마인드를 얻고 싶었던 나의 캐나다 여행은 순전히 몽고메리와 《빨강머리 앤》의 배경이 된 곳을 둘러보는 일정으로 채워져 있던 터에 '한국중앙문화공사'에서 《첫사랑》(1991)이라는 제목으로 출간한 번역가 강영희의 번역본을 발견하자 무척 반가웠다. 도서관에서 책을 읽고 기차 안에서 미처 다 보지 못한 영화 〈빨강머리 앤〉을 보면서 앤이 지닌 긍정의 에너지를 얻었다.

영화 속 배경지를 찾아서

핼리팩스에서 버스를 타고 6시간 만에 샬럿타운(Charlottetown)에 도착했다. 시내에서 다소 멀리 떨어져 있는 에어비앤비 니키의 집에서 4일 동안 휴식 시간을 가진 후 접근성이 좋은 시내에 있는 킴벌리 집으로 이동했다.

영화 〈빨강머리 앤〉에서 앤의 친구 다이애나의 고모할머니 조세핀의 집 배경이 된 곳을 방문했다. 빅토리아 공원과 노섬벌랜드해협을 끼고 있는 아름다운 '비콘스필드(Beaconsfield) 하우스'는 1877년 당시 샬럿타운에서 최고 부자의 집으로, 유럽에서 공수해온 가구들로 실내를 장식한 빅토리

* 앤의 친구 다이애나의 고모할머니 조세핀의 집 배경이 된 빅토리아풍 '비콘스필드(Beaconsfield) 하우스'. 노섬벌랜드해협을 끼고 있어 경관이 매우 아름답다.

아풍 아치 형태의 집이다. 총 25개의 방과 화려한 장식이 있는 9개의 벽난로 등은 프린스에드워드아일랜드(Prince Edward Island)에서 가장 사치스러운 집이었음을 말해주고 있었다. 2층에 있는 화려한 게스트 룸에서 앤이 하룻밤 묵었던 영화 장면이 떠오른다.

그날 저녁 홈버그 극장(Homburg Theatre)에서 올해로 54번째를 맞는 뮤지컬 공연 <빨강머리 앤>을 관람하고 다음 날 '달베이 바이 더 시(Dalvay By the Sea)' 호텔로 이동해 짐을 풀었다. 영화 <빨강머리 앤>에서 앤이 자선행사 콘서트에 초대받아 시를 낭송했던 '화이트샌즈호텔'은 1895년 달베이(Dalvay)호의 아름다운 경관을 배경으로 지어진 빅토리아 시대 저택이다. 영화 속 앤이 낭랑한 목소리로 시를 낭송하는 모습을 상상하며 근사한 저녁을 먹은 후 럭셔리한 방에서의 하룻밤은 길 위에서 누린 최고의 호사였다.

앤 셜리의 이웃이 되다

달베이 바이 더 시 호텔에서 36킬로미터 거리에 있는 캐번디시(Cavendish)로 이동하려면 차가 없이는 불가능하다. 감사하게도 샬럿타운에서 살고 있는 현정 씨의 도움을 받아 캐번디시에서 5일 동안 이용할 오두막집(Cottages)에 무사히 도착했다. 온통 소설 《빨강머리 앤》과 관련된 캐번디시 작은 마을에서 주인공 '앤 셜리'의 이웃이 되어 살아볼 생각에 가슴이 들뜬다.

작가의 소설에 영감을 준 녹색 박공집(Green Gables)까지는 숙소에서 500미터 거리. 1908년에 지어진 목가적인 농장 건물과 녹색 박공집을 찾는 일은 캐번디시에 머무는 동안 계속되었다. 상상력이 풍부한 앤 셜리가 만든 이름을 가진 '기쁨의 하얀 길'과 '반짝이는 호수'를 걷고 앤과 길버트가 데이트를 했던 숲속을 걷고 있으면, 평화와 행복이 매 순간 나에게로 와서 안겼다.

어릴 때 부모를 잃고 우체국을 경영하는 외할아버지의 손에서 자란 어린 몽고메리가 살았던 집터는 흔적 밖에 없었지만, 《빨강머리 앤》을 집필하면서 일을 도왔던 우체국과 근처 작은 서점 등은 그대로 남아 작가의 모습과 삶을 상상하게 했다. 녹색 박공집은 작가의 친척집으로 어린 시절 자주 들렀던 곳인데, 작가는 이 집을 배경으로 긍정적이고 상상력이 풍부한 매력적인 주인공 '앤 셜리'를 창조해낸 것이다.

* 《빨강머리 앤》의 배경이 된 '녹색 박공집'

《빨강머리 앤》과 작가의 실제 삶이 어우러져 있는 박공집과 아름다운 숲은 어디까지가 소설이고 어디까지가 작가의 삶이었는지 분간을 할 수 없을 정도다. 작가의 삶은 자신이 쓴 작품과 긴밀하게 맞닿아 있음을 다시 생각했다.

유년 시절의 꿈을 일깨우다

캐번디시 오두막집에서 체크아웃을 한 후 현정 씨의 도움을 받아 그린 박공집에서 11킬로미터 거리에 있는 몽고메리의 생가를 찾았다. 작가의 생가는 아름다운 뉴런던(New London) 항구와 모래 언덕이 내려다보이는 그림 같은 마을에 위치해 있다.

* 앤과 길버트가 데이트를 한 숲속 길. 국립공원으로 지정된 숲을 걷는 동안 나의 정신과 육체는 힐링이 되었다.

이 집에서 태어난 작가는 21개월 되던 해에 어머니를 잃고 외조부 댁 캐번디시에서 자라게 되었지만 작가가 태어난 방과 가구들, 학생 시절과 교사 시절, 작가의 작품들과 결혼식 때 착용한 드레스와 액세서리 등은 마치 오랜 세월 작가가 그대로 살았던 집처럼 느껴지게 했다.

창문으로 들어오는 눈부신 햇살이 작가가 태어난 방 안을 따뜻하게 감싼다. 방 앞에 서니 소설 속 앤 셜리의 모습이 오버랩되었다. 자신의 삶을 소설 속 주인공 앤 셜리에 투영시킨 작가는 글을 쓰면서 자신의 처지를 위로했으리라.

자신에게 처한 삶을 헤쳐나가는 방법을 선택하는 것은 각기 다양하다. 어떤 방법이 옳고 그른지는 자신이 판단하는 것이며, 선택한 그 길을 용기 있게 걸어갈 때 앤 셜리처럼 긍정적인 삶을 살 수 있으리라고 생각했다.

"야망이란 인생을 보람 있게 만들어주는 거야." 미래를 다시금 꿈꿀 수 있게 해준 앤의 긍정적, 지향적인 말은 내 삶의 지표가 되리라.

작가의 생가에서 12킬로미터 거리에 있는 매튜 커스버트 씨(박공집 주인)와 고아원에서 온 앤이 처음 만난 브라이트강 기차역의 배경이 된 켄싱턴(Kensington)역을 둘러보고 그곳에서 21킬로미터 거리에 있는 로어 베데크(Lower Bedeque) 초등학교에 들렀다. 작가가 대학을 졸업한 뒤 교사 생활을 했던 학교다. 마치 영화 속 앤이 교사생활을 했던 학교를 보는 듯하여 정겹다.

핼리팩스에서부터 캐번디시까지 25일간의 일정은 단순히 작가의 길을 좇은 것이 아니다. 내 유년 시절의 꿈과 사랑을 일깨워준 앤 셜리와의 만남은 지금의 내 상황을 긍정적으로 바라보고 아름답게 살아갈 수 있는 방법을 제시해주었다. 내 마음에 엔도르핀이 흐른다.

빈센트 반 고흐의 발자취를 따라서
네덜란드, 벨기에, 프랑스

열정, 그것은 희망이다

엑상프로방스에서 10일간 머문 후 2018년 11월 13일 아를(Arles)로 이동했다. 밤늦게 에어비앤비 숙소에 도착한 나는 호스트인 데니스의 안내를 받고 5일 동안 머물 3층 다락방에 여장을 풀었다. 천창으로 들어오는 별들은 빈센트 반 고흐(Vincent Van Gogh, 1853~1890)의 <별이 빛나는 밤>을 생각하게 한다.

"굿모닝, 지안! 빈센트 만나러 온 거죠?" 데니스가 지도를 펼쳐 놓고 화가가 그림을 그린 장소들을 설명해주는데, <트랭크타유 다리>를 그린 장소 바로 앞에 숙소가 있다니 뜻하지 않은 행운이다. 데니스가 설명해준 메모지를 들고 숙소를 나섰다. 숙소 앞 계단에서부터 화가의 족적이 새겨진 동판이 박혀 있는 길을 따라 걷다 보면 아름다운 론(Rhône)강이 눈앞에 펼쳐진다. 그곳에서 700미터 거리에 <별이 빛나는 밤>을 그린 장소가 있다. 화가는 이곳에 나와 강 아래로 쏟아지는 아름다운 별들을 희망처럼 화폭에 담았으리라. 밤이 되면 180미터 거리에 있는 자신의 거처 노란 집

* 랑글루아(Langlois) 다리
* 밤의 카페

에 화구를 놓고 650미터 거리에 있는 '밤의 카페'로 가서 압생트를 마시며 고독을 위로했을 것이다.

화가가 살던 노란 집은 사라지고, 별이 빛나는 론강의 모습도 달라졌으며, 밤마다 들르던 카페도 문을 닫았지만, 나는 이 루트를 따라 밤길을 다시 걸으며 화가를 그대로 느껴보았다. 별이 빛나는 밤길을 걸어 따스한 불빛이 비추는 카페에 앉아 고단한 하루를 정리하고 따뜻한 방에 들어와 잠들기를 바랐을 화가의 희망은 그의 그림 속에 고스란히 담겨 있었다. 나는 고독 속에서도 희망을 품고 열정적으로 그림에 매달렸을 빈센트를 가슴에 품는다.

예술에 대한 욕망을 꿈꾸다

아를에서 이틀째 되는 날이다. 〈아를의 원형경기장〉, 〈알리스캄프〉, 〈퍼블릭 가든〉을 그린 장소들을 찾아 나섰다. 공동묘지, 경기장, 공원 등 화가는 자신의 마음을 움직이는 곳이면 그곳에서 느낀 아름다움을 캔버스에 담았던 듯하다. 〈오래된 방앗간〉을 찾기 위해 1.3킬로미터 거리를 걸어 그림 속 제분소를 발견하고 그곳에서 또다시 3.5킬로미터 거리에 있는 '랑글루아 다리'를 찾았다. 화가는 네덜란드에서 볼 수 있는 다리를 생각하며 선명한 쪽빛 강물에 비친 마음속 고향과 희망을 생각했으리라. 나는 하늘을 품고 있는 푸른 강물을 바라보며 화가의 예술에 대한 열정을 생각했다.

열정적이었던 내 안의 욕구는 어느 날 일순간에 사라졌었다. 우울과 좌절, 고통이 대신 자리를 차지하고 있는 내 안에 다시금 예술에 대한 열정으로 채워 넣고 싶다는 생각을 한다. 나는 화가의 욕망을 꿈꾸며 빈센트가 귀를 자르고 입원했던 병원을 찾아 길을 걸었다.

"안녕하세요. 사진을 찍어줄 수 있나요?" 차를 렌트해 여행 중이라는 한국인 영희 씨 부부와의 만남으로 빈센트가 1년 동안 요양했던 생레미드프로방스(Saint-Rémy-de-Provence) 근교에 있는 생폴드모솔(Saint-Paul de Mausole) 정신병원을 방문하게 된 것은 행운이었다. 시내에서 28킬로미터

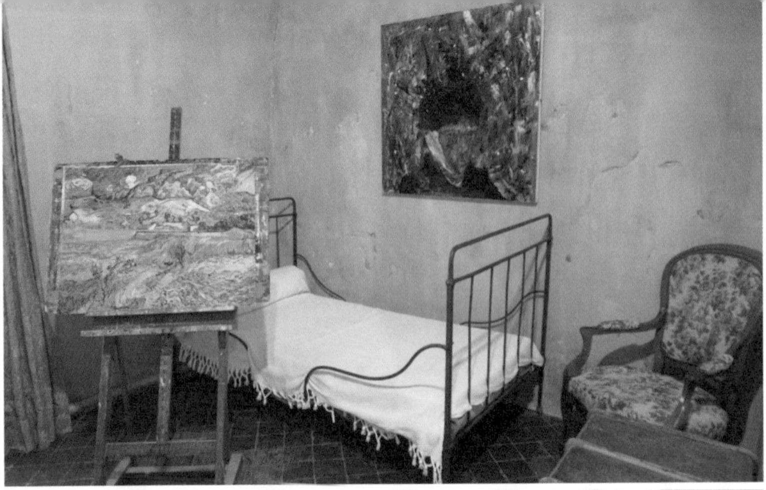

* 생폴드모솔 정신병원에서 고흐가 쓰던 방과 창. 고흐는 창 너머로 보이는 뜰을 그리곤 했다.

거리에 있는 병원은 차 없이는 엄두도 낼 수 없는 곳이다.

빈센트는 자발적으로 정신병원에 들어와 1년 정도 머물렀는데 화가가 사용했던 작은 방에는 방금까지 그림을 그렸던 것처럼 이젤과 침대가 그대로 놓여 있다. 화가는 이 작은 방에서 창문을 통해 들여다본 세상을 그리기 시작했고 점차 나아지면서 외부로 나가 생레미의 자연을 그렸다고 한다. 1년 동안 150여 점의 그림을 그렸다고 하니 빈센트의 그림에 대한 열정은 가히 놀랄 만하다.

영혼의 빛 찾기, 다시 시작하다

바흐, 슈만과 클라라, 니체, 멘델스존, 괴테, 실러, 리스트, 헤르만 헤세, 베토벤, 하이네 등 32일 동안 독일 예술가들을 만나고 2019년 7월 15일 뒤셀도르프(Düsseldorf)에서 네덜란드 암스테르담으로 이동했다. 버스를 타고 5시간을 달리는 내내 머릿속은 빈센트 반 고흐를 만나기 위한 계획으로 가득했다.

'내가 살아 있다고 느끼는 순간은 오직 그림을 그리는 이젤 앞에 있을 때'라고 했던 화가는 삶 속에서 느꼈던 두려움과 고통, 사랑, 희망 등을 다양한 빛깔을 사용하여 실험적인 그림을 그렸다. 사람들의 마음을 움직일 수 있는 그림을 그리고 싶어 했던 화가의 영혼이 집약된 공간에서 어떤 방식으로 그의 숨결을 들을지에 대한 기대는 가슴을 설레게 했다.

암스테르담 버스 정류장에 도착하자 잔뜩 흐린 날씨는 금방이라도 비가 내릴 것 같아 트램을 타기로 했다. 도시 사이사이를 흐르는 하천은 국토의 25%가 해수면보다 낮아 제방을 쌓아 형성된 도시임을 실감하게 했다.

호스텔에서 체크인을 한 후 숙소에서 850미터 거리에 있는 고흐 미술관으로 향했다. 내일 미술관을 관람하기 위해 표를 예약하기 위해서다. 지극히 소박한 것들 속에 존재하는 아름다움을 사로잡아 그림이라는 시로 표현하고자 했던 화가의 그림들은 프랑스 아를에서부터 내 영혼에 따스한 위로를 건네며 그림에 대한 열정을 상기시키곤 했다. 영혼의 빛을 찾기는 이곳 암스테르담에서부터 다시 시작되리라.

충동을 일으키는 일

오전 9시, 고흐 미술관이 문을 열자마자 입실한다. 오늘 하루 화가를 온전히 이해하기 위해서는 턱없이 부족한 시간이겠지만 한국어 오디오 가이드를 목에 걸고 야심차게 관람을 시작했다. 0층 초상화부터 시작된 화가의 그림들은 지상 3층까지 체계적으로 전시되어 있었다.

나는 관심 있는 그림들을 먼저 집중적으로 탐독하기 시작했다. 갈대펜으로 새로운 표현 기술을 완성한 화가는 자신이 더 이상 자연 앞에서 무능하지 않다고 생각하게 된다. 세심한 관찰과 시도로 불가능을 가능케 한 화가의 실험적인 예술 세계는 바로 여기서부터 시작된 듯했다.

우리가 알고 있는 대부분의 화가의 그림에서 느낄 수 있었던 것은 '소박함' 속에 깃든 아름다움과 희망이었다. 모든 사물의 내면에 숨어 있는 아름다움을 발견하기 위해서는 마음의 눈을 떠야 한다. 빈센트는 일찍이 내면의 눈을 뜨고 자연 앞에 섰음을 알 수 있었다. 그러나 내게 빈센트의 초상화는 아름다움을 볼 수 있는 상태로 보이지 않는 처절한 고통과 깊은 우울함만이 보였었다. 그때 놓친 것이 있음을 깨달았다. 고흐의 그 깊은 우울함 속에 숨어 있는 따뜻한 심성을 간과한 것이다. '화가가 자화상을 많이 그린 이유는 모델 살 돈이 없었기 때문'이라는 고정관념에 갇혀서 오류를 범하고 있었음을 생각했다.

화가는 자화상을 통해 사물을 새롭게 바라보려는 일환으로 자신을 관찰하는 연습을 한 것이다. 자화상을 유심히 보면 그림마다 자신의 눈을 다른 색으로 칠한 것을 알 수 있다. 이는 자신의 이미지를 사용해 감정을 전달하고자 한 것이다. 새로운 관점을 찾고자 노력했던 빈센트는 예술가들의 어느 한 일면만을 보고 판단하여 그대로 믿어버리는 오류는 진실을 이해하는 것에 걸림돌이 된다는 것을 깨닫게 한다.

화가가 평생 열정적으로 보여주고 싶었던 것은 자연이 우리에게 건네는 희망이었다. 화가가 탄생시킨 희망의 길을 따라 걸어갈 생각에 나의 심장은 이미 부풀어 있었다. 하고 싶다는 충동을 일으킨 일, 가치 있다고 생각하는 일에 도전하여 평생을 바쳐 꿈과 이상을 실현하고자 했던 빈센트 반 고흐야말로 어쩌면 행복한 사람이 아니었을까?

내면에 흐르는 따뜻한 감성

나흘간의 암스테르담 여행을 마치고 빈센트 반 고흐가 탄생한 쥔더르트(Zundert)로 이동을 했다. 17세기에 지어진 생가에서 화가는 11살에 제벤베르헌(Zevenbergen)에 있는 기숙학교로 떠나기 전까지 살았다고 한다. 그 후 1866년 틸뷔르흐(Tilburg)에서 2년간 미술학교에 다니다가 1868년에 학교를 중단하고 돌아와 1년 4개월을 더 살았다.

빈센트 미술의 시작은 쥔더르트에서 44킬로미터 거리에 있는 틸뷔르흐였다. 쥔더르트 생가는 예술가의 삶에 영향을 미쳤을 어린 시절 빈센트에 대한 기억과 가족의 역사가 생생하게 남아 있는 곳이다. 화가의 생가 옆 노란 집은 1860년부터 반 고흐의 이웃이었다고 한다. 그들은 어린 빈센트 형제들이 이모라고 부를 정도로 영향을 준 사람들로 고흐 가족이 쥔더르트를 떠난 후에도 관계가 계속되었다. 두 집안의 관계는 빈센트의 편지에도 나와 있다.

뮤지엄에서 나오면 오른쪽으로 아버지 테오도루스 반 고흐가 1849년부터 1871년까지 목사관으로 지냈던 작은 교회가 있다. 교회 앞 광장에는 형제간의 우애를 자연스럽게 떠오르게 하는 빈센트와 동생 테오가 다정하게 서 있는 동상이 눈길을 끈다. 빈센트는 1853년 4월 24일, 이 교회에서 침례를 받았으며, 그는 매주 일요일에 아버지가 설교하는 것을 듣기 위해 이곳에 왔다고 하니 빈센트의 내면에 흐른 따뜻한 감성은 어린 시절부터 시작되었으리라.

빈센트의 영혼을 먹다

쥔더르트를 떠나기 전 친절을 베풀어준 마리지센 부부를 만났다. 전날 오후 4시가 훌쩍 넘어선 시간에 쥔더르트에 도착한 나는 예약된 에어비앤비 숙소에 도착했으나 문이 잠겨 난처한 상황에 처해 있었다. 숙소 옆 소품 가게 주인 마리지센 부부로부터 도움을 받게 되었는데 노부부가 만나고 싶다는 메시지를 보내와 이루어진 것이다.

"지안, 빈센트를 사랑하는 당신에게 케이크를 사주고 싶었어요." "오! 이런, 감사합니다." 노부부는 내게 빈센트의 얼굴이 새겨진 케이크와 따뜻한 커피를 주문하여 주었다. 화가의 영혼을 먹게 되다니 이야말로 감동이었다. 난감한 상항에서 구해준 그들에게 감사해야 할 사람은 정작 난데, 오히려 그들에게 친절을 받게 되었다.

"빈센트를 찾아가는 길 행운을 빌어요." 마리지센이 빈센트의 얼굴이 그려진 테이블 매트를 건네며 내 손을 잡는다. 노부부의 따뜻하고 주름진 손이 화가의 그림들을 닮아 있었다. 낯선 곳에서 따뜻하게 손을 잡아준 노부부의 친절은 앞으로 더 걸어가야 될 빈센트의 길에 희망을 비추어주리라.

* 쥔더르트 고흐 미술관 카페에서 마리지센 노부부가 사준 빈센트 케이크. 화가의 따뜻한 영혼처럼 노부부의 따뜻한 마음이 고스란히 전해져왔다.

진실을 그리다

틸뷔르흐 성 안나 광장에 있는 빈센트의 하숙집을 잠시 보고 뉘넌(Nuenen)으로 향했다. 뉘넌은 작고 아름다운 시골마을로, 빈센트는 1883년부터 뉘넌에 2년 동안 살면서 175점의 그림을 남겼다고 한다. 전체 그림의 약 4분의 1을 뉘넌에서 그린 것이다. 교회(Heilige Clemenskerk) 앞 공원에는 빈센트의 동상과 청동으로 제작된 <감자 먹는 사람들>이 있다. 시골 풍경을 좋아했던 화가는 기차를 타고 내려오면서 뉘넌 풍경에 매료되었고 그런 빈센트에게 미쳤다고 했던 뉘넌 사람들은 화가의 추억과 함께 살고 있었다.

나는 고흐 미술관을 관람하고 화가가 그림을 그렸던 주요 장소들을 루트를 따라 걷기로 한다. 아버지가 목사로 있던 반 고흐 교회로 이동을 했다. 다리를 다쳐 오랫동안 침대에 누워서 지내게 된 어머니를 위로하기 위해 <뉘넌 교회를 나서는 사람들>을 그린 곳이다. 가을의 정취가 물씬 느껴지는 그림은 빈센트가 부모님께 선물한 첫 작품이다. 부모님께 인정

받고자 최선을 다했을 빈센트의 모습이 애잔하게 다가온다.

〈감자 먹는 사람들〉을 그린 오두막과 정확히 같은 지점에 있는 집 앞에 이른다. 노동으로 정직하게 수확한 양식을 나누어 먹는 가족의 따뜻한 모습에 감동했을 빈센트의 모습을 상상해 보는 것만으로도 내겐 벅찬 순간이다. 나는 빈센트가 그림을 그렸던 뉘넌의 주요 장소 열여덟 곳을 걸으면서 화가가 그리고자 했던 것은 참된 진실이었음을 깨닫는다. 노란 들꽃이 수북하게 피어 있는 발아래, 짧지만 진실되게 살았던 남편의 숨결 한 움큼 놓는다.

인생의 전환점

2019년 7월 22일 틸뷔르흐에서 벨기에 브뤼셀로 이동했다. 빈센트가 몽스를 떠나 1880~1881년까지 머물렀던 반 고흐 유스호스텔에서 이틀을 머문 후 몽스로 이동했다.

프랑스 근교에 있는 몽스는 인구가 10만 명이 채 안 되는 아주 작은 도시다. 세월의 흔적이 쌓여 아름답게 익어가고 있는 평화롭고 아늑한 도시 몽스에는 빈센트가 1879년 8월부터 1880년 10월까지 살았던 작은 집이 있다.

빈센트는 탄광지였던 보리나주(Borinage)에서 노동자와 광부들의 비참한 삶과 위험에 노출된 아이들을 보고 방황과 고통 속에서 자신의 삶에 주어진 목적을 되돌아보며 동생 테오에게 다시 그림을 그릴 것이라고 편지를 쓴다. 빈센트에게 보리나주는 단순히 화가로서 탄생한 곳이 아니었다. 농민과 노동자의 현실에서 가져온 주제의 근원은 빈센트에게 예술적 개념을 확립시켰고 그것은 인생의 전환점을 맞게 하는 계기가 된 것이다.

1880년 8월 20일, 빈센트는 테오에게 들판에서 노동을 하는 사람들을 그린 밀레의 그림을 보내달라고 부탁하는 편지를 보낸다. 목탄으로 1880년에 스케치한 〈땅을 파는 인부들〉은 밀레가 1866년에 그린 〈밭을 갈아엎는 농부들〉을 모방한 그림이다. 빈센트는 초기 작품들 대부분을 파기했는데 이 그림은 살아남은 몇 안 되는 초기 그림들 중 하나로 현재 몽스 시의 자랑스러운 재산이라며 가이드가 설명한다.

낡은 책상 앞에 앉아 동생 테오에게 다시 그림을 그리겠노라고 편지를 쓰는 빈센트의 모습을 상상하며 이 여행이 내게 인생의 전환점이 되어줄 것을 소망한다.

너의 영혼에 열정을 입혀라

2019년 7월 25일 몽스에서 프랑스 샤를빌메지에르로 이동한 나는 이틀 동안 시인 랭보를 만나고 오베르쉬르우아즈(Auvers-sur-Oise)로 이동했다. 우아즈(Oise)강을 끼고 형성된 작은 마을인 이곳은 빈센트가 동생 테오에게 보낸 편지 내용대로 평온하고 아름다운 곳이었다. 생레미드프로방스를 떠나 이곳에 정착한 후 생의 마지막 순간까지 열정적으로 그림을 그렸던 빈센트의 흔적을 찾아 화가의 숨결을 느끼며 걸어보기로 했다.

〈도비니의 정원〉, 〈가셰 박사의 정원〉, 〈오베르의 시청〉, 〈오베르의 교회〉, 마지막 〈자화상〉을 그렸던 곳. 고흐는 이곳에 70일 동안 머물면서 80여 점의 그림을 그렸다고 하니 하루 한 작품을 그린 셈이다. 옛 모습을 그대로 간직하고 있는 오베르쉬르우아즈 곳곳에 빈센트의 흔적도 함께

* 〈까마귀 나는 밀밭〉을 그린 곳. 2019년 7월 25일 내가 서 있는 지금도 밀밭은 노랗게 익어가고 있었다.

있었다.

자살 직전인 7월, 〈까마귀 나는 밀밭〉을 그렸던 길(Sente de Montier)을 걸었다. 내가 서 있는 이곳 7월도 빛을 받은 황금 밀밭의 광활한 모습이 눈앞에 펼쳐져 있다. 거친 붓 터치로 그려진 어두운 하늘과 황금빛 밀밭 사이를 나는 까마귀, 그곳에서 260미터 거리에 있는 묘지에 잠들어 있는 화가, 극도의 외로움과 슬픔이 폭풍처럼 느껴진다.

나는 빈센트와 테오 형제가 잠들어 있는 묘를 참배하고 예술가 마을에 위치한 라부 연인숙으로 향했다. 빈센트가 생을 마감한 약 2.1평의 어두운 5번 다락방에는 화가가 사용했던 낡은 철재 침대가 그대로 있다. 37년 동안 네덜란드, 벨기에, 영국, 프랑스 등 38개의 주택을 옮겨 다녔던 화가의 방 중 유일하게 당시 모습 그대로 보존된 곳이라고 한다. '자살의 방'으로 여겨져 그 후 한 번도 임대된 적이 없었기 때문이다.

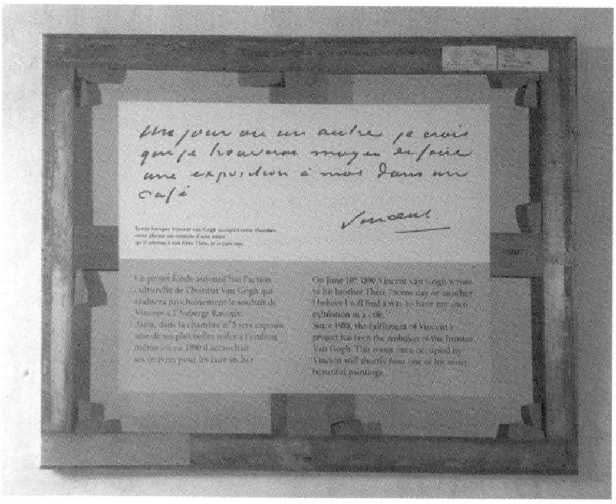

* 반 고흐 연구소는 화가가 오베르쉬르우아즈에서 그렸던 그림을 찾아와 빈센트가 머물던 방에 걸게 될 날을 위해 빈 액자를 걸어 두었다.

작고 낡아 볼품없는 방, 그러나 빈센트의 영혼은 조그만 천창에서 쏟아지는 빛을 통해 세계를 향해 열려 있었다. 나는 그 방에서 쉽게 발길을 돌릴 수 없어 되돌아가서 서성거리기를 여러 번 했다. 빈센트 반 고흐는 내게 더 이상 불행한 화가가 아니다. 그는 자신이 원하는 일에 정열을 다 바쳐 충실했으며 그가 남긴 수많은 그림들은 여전히 세상에 살아 있지 않은가?

삶과 죽음이 하나의 선으로 연결되어 있다면 빈센트는 보이지 않는 어느 선에 있으리라. 빈센트가 속삭이는 듯하다. "너의 영혼에 열정을 입혀라."

미리 예약해둔 1층에 자리한 라부 여인숙 레스토랑(1890년대 모습 그대로 재현해 놓았다)에 앉았다. 레스토랑 어딘가에 앉아 식사를 했을 빈센트를 생각하며 열정으로 가득했던 영혼의 빛을 찾아 걷던 날들을 회상했다.

샹송의 여왕 에디트 피아프의 음악 세계

프랑스 파리

감성이 깨어나다

2018년 10월 18일부터 한 달간 파리에서 리옹, 엑상프로방스, 마르세유, 아를을 여행하고 소설가 알퐁스 도데(Alphonse Daudet) 하우스를 방문하기 위해 님(Nîmes)으로 향한다.

아침부터 비가 내려 우울한 날이다. 기름값 인상 문제로 버스가 파업을 하는 바람에 교통이 마비된 상황이라 오랜 기다림 끝에 기차를 탈 수 있어 늦은 시간이 되어서야 님에 도착했다. 비를 맞으며 감베타 거리에 있는 알퐁스 도데 집 앞에 도착했으나 관람할 수 없는 상황 앞에서 실망한다. 계획을 수정하여 우여곡절 끝에 기차를 타고 파리로 다시 돌아왔다.

나흘 후 이탈리아 로마로 함께 갈 J 스님과 함께 18세기에 조성된 몽소 공원에서 만나 샹송 가수 이브 뒤테이(Yves Duteil)의 〈몽소 공원〉을 들으며 마음을 달랜다. 11월의 몽소 공원에서 듣는 샹송은 잊지 못할 추억이 되고 있었다.

“내 어린 시절의 작은 부분 / 내 청소년기를 발견한 곳 / 내 기억 속에 숨겨져 있는 광장" 솜사탕처럼 몽글몽글한 이브 뒤테이의 프랑스어가 내 귓속에 들어와 기분을 간지럽힌다.

J 스님은 이스탄불 여행 당시 한국인 숙소에서 만나 인연이 된 여스님이다. 문학과 미술, 음악 등 예술에 조예가 깊으신 J 스님은 함께 있는 동안 늘 나의 멘토가 되어주었다.

"샹송 좋아하면 에디트 피아프(Edith Piaf, 1915~1963) 하우스 어때요?" 좋아하던 노래를 듣는 것조차 멀리했던 시간들, J 스님의 그 한 마디는 잠들어 있던 나의 감성을 깨운다.

장밋빛 인생을 꿈꾸며

에디트 피아프의 인생을 다룬 영화 <라비앙 로즈(장밋빛 인생)>(2007)를 다운받아 보며 가슴 저리게 울었던 지난 밤 덕분에 부은 눈으로 아침을 맞았다. 극한의 고독과 절망적인 상황 속에서도 "난 후회하지 않아요!"를 부르던 작은 참새 에디트 피아프(배우 마리옹 코티야르)의 정열적인 노래가 심금을 울렸다. 142센티미터의 체구에서 뿜어져 나오던 에디트 피아프의 거대한 에너지와 열정을 소환하여 그녀의 하우스를 향해 힘차게 걷는다.

오래된 공장 건물에 들어선 라이브 음악 공연장과 거리를 따라 늘어선 허름한 바, 아티스트들의 스튜디오가 이어져 있는 자유분방한 메닐몽탕 지역에 에디트 피아프 하우스가 있다. 에디트 피아프가 10대 시절에 만나 최고의 팬이 되었다는 도슨트(Docent) 베르나르 마르슈아(Bernard Marchois)가 수집한 피아프의 물건들로 가득 찬 박물관이다.

아파트 4층에 있는 룸으로 들어서자 실물 크기로 제작한 에디트 피아

* 에디트 피아프가 사용했던 물건들과 연인 마르셀 세르당이 준 곰돌이 인형

프의 마네킹이 마치 살아 있는 듯 서 있다. 피아프의 재능을 발견한 지역 나이트클럽 주인 루이 레플리(Louis Leplee)에 의해 에디트 피아프의 상징이 된 검은 드레스를 입은 모습이다.

프랑스 권투 선수였던 연인 마르셀 세르당(Marcel Cerdan)의 글러브와 마르셀이 피아프에게 준 커다란 곰돌이 인형이 눈길을 끈다. 비행기 추락 사고로 사랑하는 연인 마르셀이 죽은 뒤 슬픔 속에서 에디트 피아프가 직접 지은 가슴 절절한 가사 <사랑의 찬가> 음반도 곁에 있다. "당신이 죽어도 나와 함께 있을 수 없게 되어도 괜찮아요. 우린 영원히 이어져 있어요."

신은 그 사람이 견딜 만큼만 불행을 준다고 했던가. 1933년에 살았던 2개의 작은 룸에서 새처럼 왜소한 그녀가 견뎌내야 했을 지독한 삶을 생각했다. 그녀의 작은 드레스와 신발은 마치 엄지공주를 연상케 한다. 고독한 초상화와 사진, 팬레터, 악보 등 가수에 전념했을 당시 사용했던 물건들이 빼곡하게 들어찬 공간은 슬픔이 아닌 샹송 가수 에디트 피아프의 불행을 이긴 열정적인 삶의 흔적으로 가득 차 있었다. 도슨트 베르나르가 잔잔하게 흐르는 <장밋빛 인생>을 들려주며 잠시 가수의 영혼을 느껴보라고 한다.

"슬퍼하지 마. 너의 장밋빛 인생이 네 앞에 있으니까!"

삶 자체를 가슴으로 노래했던 에디트 피아프. 가난과 수시로 겪어내야 했던 불행 앞에서도 장밋빛 인생이 있으니 슬퍼하지 말라고 노래한 그녀는 긍정의 아이콘이다. 삶의 1막은 돌아보지 말자. 그녀의 노랫말처럼 장밋빛 인생이 시작될 나의 인생 2막을 꿈꿀 뿐이다.

박물관에는 에디트 피아프에 관한 단 한 줄의 설명조차 없었지만 작은 체구에서 뿜어져 나온 에너지가 넘치는 그녀의 드라마틱한 인생을 고스란히 느낄 수 있었던 것은 고독과 절망 앞에서도 열정을 불태우며 노래했던 그녀의 드라마틱한 삶을 공감했기 때문이리라.

작은 거인이 건네는 긍정의 마인드

11월 20일, 파리에 첫눈이 내렸다. 1년 만에 만나게 되는 눈발은 감성에 불을 지핀다. 파리에서의 마지막 날, J 스님과 함께 마음의 눈길이 닿는 곳을 산책하기로 한다. 위인들이 잠들어 있는 18세기 묘지 팡테옹과 17세기 공원 뤽상부르를 산책하고 우연히 들어가게 된 레스토랑은 데카르트 거리에 있는 시인 베를렌의 집(La Maison de Verlaine)이었다. 메니저는 친절하게도 이 레스토랑 2층에서 시인 폴 베를렌이 살았고, 사망했다고 설명해준다.

영화 <토탈 이클립스>에서 랭보와 연인 관계였던 폴 베를렌을 익히 알

* 시인 베를렌의 집 레스토랑 내부. 에디트 피아프(가운데 늘어선 액자 맨 아래 사진)는 이 집에 자주 들렀다고 한다.

고 있었던 터라 반가운 마음이 앞선다.

소설가 마르셀 프루스트, 오노레 드 발자크, 어니스트 헤밍웨이, 시인 아르튀르 랭보, 가수 세르주 갱스부르, 벨기에 가수 자크 브렐, 영국 다이애나 비, 에디트 피아프 등 유명인들이 자주 드나들었던 장소에서 점심을 먹으며 예술가들에 대해서 얘기를 나누는 시간은 마치 그들의 영혼과 함께 있는 듯한 찌릿한 순간이었다.

우리는 로마로 떠나기 전 에디트 피아프 묘를 참배하기로 의견을 모으고 그곳에서 센강을 건너 4킬로미터 거리에 있는 페르 라셰즈 묘지로 향했다. 페르 라셰즈 묘지에는 음악가 쇼팽과 소설가 오스카 와일드, 화가 모딜리아니, 가수 짐 모리슨 등의 묘가 있는 곳이다.

우리가 에디트 피아프 묘 앞에 당도했을 때는 멋진 커플룩을 입은 프랑스인 노부부가 참배를 하고 있었다. "오! 당신들, 에디트 피아프 참배하러 왔군요."

할아버지 가이와 할머니 클라도의 표정에서 자국의 가수 에디트 피아프에 대한 자부심을 느낄 수 있었다. 샹송 가수 에디트 피아프가 전혀 쓸쓸해 보이지 않은 이유였다. 나는 피아프의 영혼 앞에서 그녀의 열정을 가슴에 담았다. 지독한 고독과 고통, 상처에 열정을 입혀 에너지 넘치는 삶을 살았던 그녀의 숨결은 내 안으로 스며들어와 작은 불씨에 불을 지피기 시작한다. 자신의 삶을 이긴 작은 거인이 건네는 긍정적 마인드다.

레오나르도 다빈치가 준 감동

이탈리아 밀라노, 프랑스 앙부아즈

두려움이 여물어 당당함이 되다

34일간의 첫 번째 프랑스 여행을 마치고 2018년 11월 22일 이탈리아로 왔다. 로마와 피사, 리보르노, 피렌체를 여행하고 12월 15일 오게 된 밀라노(Milano)는 오로지 레오나르도 다빈치(Leonardo da Vinci, 1452~1519)의 〈최후의 만찬〉을 보기 위함이었다.

중세 르네상스 요새 스포르체르코성에서 미켈란젤로와 다빈치 작품들을 관람하고 〈최후의 만찬〉이 있는 산타 마리아 델레 그라치에 교회로 향한다.

산타 복장을 한 사람들로 가득한 밀리노의 밤거리는 얼마 남지 않은 크리스마스 분위기로 열기가 대단하다. 분위기에 젖어 걷고 있는데 누군가 등을 미는 듯한 느낌에 무의식적으로 바닥을 뛰어넘는다. 뒤돌아보니 인도(人道)에 그림들이 죽 늘어서 있는 게 아닌가. 남자가 그림 한 장을 돌돌 말더니 내게 다가와 내밀며 "당신이 그림을 망쳤으니 사야 돼요"라고 말한다. 눈앞에 펼쳐진 어이없는 상황에 순간적으로 당황했지만 정신이

* 산타 마리아 델레 그라치에 교회 전경

바짝 든다. '두려워하는 기색을 보이면 지는 거야.' 나는 일부러 길에 그림을 늘어놓고 사람들이 밟도록 유도하는 남자의 속임수를 놓치지 않았다.

"난 그림을 밟지 않았어요!" 그 남자에게 당당하게 말했다. 주변에서 그림을 파는 남자들이 "우~!" 하면서 야유를 한다. 그 남자는 기선을 제압하려는 듯 더 큰 소리로 말한다. 사람들이 몰려들었다. 나는 강한 어투로 "노~!"라고 말하고 당당하게 가던 길을 걸었다. 뒤돌아보니 한참을 따라오던 남자가 가고 없다. 그때서야 온몸에 힘이 빠진다. '어디서 그런 용기가 나온 거지?' 달라져 있는 나를 발견하곤 스스로 놀란다. 여행 421일, 먼 길을 혼자 걸어오면서 두려움은 나도 모르게 단단하게 여물어가고 있었던 모양이다.

숭고미가 준 감동

〈최후의 만찬〉을 관람할 수 있는 티켓이 매진 상태다. 인터넷으로 미리 예약을 시도해도 될까 말까 하는데 준비 없이 왔던 내 앞에 당연히 티켓이 기다리고 있을 리가 없었다. 현장 앞에서 오랜 기다림 끝에 취소를 한 어느 관람객 덕분에 밤 9시 20분 티켓을 구할 수 있었던 것은 행운이었다.

벽화 보존을 위해 관람할 수 있는 주어진 15분 안에 숭고한 예수의 모습을 보아야 한다. 가이드를 따라 걷는 내내 그동안 책으로만 봐왔던 〈최후의 만찬〉을 상상하며 무엇을 집중해서 봐야할지 생각했다.

드디어 〈최후의 만찬〉 벽화 앞에 섰다. 가로 880미터, 세로 460미터 벽화는 15세기에 건축된 산타 마리아 델레 그라치에 교회 식당 벽 한 면을 차지하고 있었다. 손상이 많이 되긴 했지만 예수가 십자가 위에서 죽기 선날 열두 제자와 마지막 만찬을 하는 정경(正經)은 생생하게 다가왔다.

"너희 중 하나가 나를 팔리라(〈요한복음〉 13:21)." 죽음을 초월한 예수의 숭고한 모습이다. 제자들의 동요하는 모습이 살아서 움직인다. 왼쪽에서 다섯 번째(관람자 시선), 배반한 유다가 자신의 속마음을 꿰뚫고 있는 예수의 말에 놀란 듯한 제스처를 취한다. 열두 제자들 모두의 표정을 파악하기는 어려웠지만 그들이 취한 제스처를 보며 상황을 상상한다. 예수와 열두 제자들에 관한 설명을 읽으며 벽화를 감상하는 15분이 1분처럼 지나가 버렸다. 너무도 아쉬운 시간, 그러나 그 짧은 시간 속에서 내가 본 예수의 숭고한 모습은 떨리는 심장 안으로 들어와 감동으로 각인되고 있었다.

애정과 열정 사이

〈최후의 만찬〉에 감동을 받은 나는 여행 중에 기회가 되는 대로 레오나르도의 그림들을 관심 있게 보게 되었다. 2019년 11월 15일, 1년 만에 세 번째 파리를 다시 찾아 루브르 박물관에서 다빈치 특별전을 통해 다방면에서 천재였던 레오나르도를 볼 수 있었다.

* 레오나르도 다빈치가 3년 동안 살았던 성의 아름다운 모습

<모나리자>가 프랑스에 있게 된 이유를 알아보던 중에 화가가 말년에 프랑스 앙부아즈성에서 살았다는 것을 알게 된 후 11월 23일, 앙부아즈(Amboise)는 그렇게 방문하게 되었다.

파리 15구 숙소 근처 마몬텔(Marmontel) 거리에서 앙부아즈까지는 약 206킬로미터, 이른 아침 몽파르나스 기차역에서 두 번의 기차를 갈아타고 앙부아즈에 도착했다. 한때 '르네상스 예술가들의 땅'이라고 불리던 이곳은 프랑수아 1세(프랑스 르네상스를 이끈 왕)의 초대를 받은 레오나르도가 1516년부터 사망할 때까지 머문 곳이다. 나는 프랑수아 1세가 화가에게 하사한 15세기의 건축 클로뤼세성으로 먼저 발걸음을 옮겼다. 넓은 녹지 공원에 자리하고 있는 붉은색 벽돌과 흰색으로 테두리를 한 성은 참으로 아름다웠다.

가장 먼저 만나게 된 곳은 1층에 자리한 화가의 침실이다. 화가는 죽음 직전 아끼는 제자 프란체스코 멜지에게 자신의 데생과 크로키 노트를 남긴다는 유서를 썼다고 한다. 침실 창가에 서면 프랑수아 1세가 머물던 앙부아즈성이 보인다. 왕궁으로 이어지는 지하에 길을 만들어 비밀리에 왕래를 하며 우정을 다졌다고 하니 프랑스의 왕과 이탈리아 천재 화가와의

＊ 화가의 작업실에서 시뮬레이션을 보며 살아 있는 레오나르도와 교감을 나눈 듯하여 행복했던 시간이었다.

우정이 어느 정도였는지 짐작할 만하다.

레오나르도가 프랑스에 도착한 후 50년이 되어서야 발견되었다는 작업실에서 로마에서부터 가져온 3개의 회화 작품을 감상할 수 있었다. 〈모나리자〉와 클로뤼세에서 완성한 〈성 세례 요한〉, 미완성으로 남아 있는 〈동정녀, 아기 예수와 성 안나〉다. 여러 번 찾은 루브르 박물관에서도 제대로 감상하지 못한 스푸마토(Sfumato) 기법에 주목하며 〈모나리자〉의 신비스러운 미소를 어느 정도는 제대로 감상할 수 있었던 특별한 시간이었다.

채식주의자였던 화가를 위해 정성껏 요리를 했던 마튀린에게 가죽이 부착된 고급 외투를 물려주라는 유언을 남겼다는 레오나르도는 따뜻한 심성을 지닌 사람이었던 듯하다. 16세기 가구들이 그대로 보존된 부엌은 겨울이면 저녁마다 높은 석조 벽난로 아래서 몸을 녹이곤 했다는 화가의 따뜻하고 인간적인 모습이 절로 상상되는 공간이다.

데생, 크로키, 회화, 군사, 공학, 광학, 항공우주 등 프랑스에 머무는 3년 동안 창의적인 열정으로 작업에 몰두했던 결과물들이 성 곳곳에 남아 있었다. 화가가 바쳤을 시간과 고민, 스케치 등 열정이 고스란히 배어 있는 작품들은 상상 그 이상이었다.

* 앙부아즈성에서 내려다보이는 루와르 계곡과 마을은 참으로 아름다웠다.

내가 하는 일에 애정을 가지고 열정을 다했던 적이 있었던가? 문학을 하고 그림을 그릴 때였음을 생각하자 가슴이 뛴다. 내 심장이 아직 살아 있음이리라.

존재하는 모든 것을 세심하게 관찰하고 존중하여 예술 작품으로 승화시켰던 위대한 천재 예술가는 과거 열정적이었던 나의 모습을 돌아보게 했다. 자연이 만들어내는 아름다움을 표현한 <암굴의 성모>가 마주 보이는 연못가에 남편의 숨결을 놓으며 그와 약속을 한다. 당신의 유언대로 나의 열정을 소환하겠노라고.

부끄러운 마음을 꿇다

클로뤼세성에서 900미터 거리에 있는 15, 16세기 건축물 앙부아즈성 안으로 들어서자마자 파로나마처럼 펼쳐진 루와르 계곡의 경치에 매혹된다. 공원 아래쪽 단풍 든 나무들과 푸른 초원에 감싸인 화가의 흉상이 보인다. 레오나르도는 앙부아즈성 안에 있던 11세기 로마식 성당 성플로랑탱 성직자 성당에 묻히기를 원한다는 유서를 남겼다고 한다. 화가의 소망대

* 프랑스 화가 프랑수아 기욤 메나조(François-Guillaume Menageot)가 1781년에 그린 〈레오나르도 다빈치의 죽음〉이다. 프랑수아 1세 품에 안겨 있는 레오나르도의 마지막 모습은 앙리 2세(프랑수아 1세의 둘째 아들)의 침실 벽에 걸려 있다.

로 묻혔으나 성당이 1806년과 1810년 사이에 철거되면서 1943년에 지어진 왕실 전용 성 위베르 성당으로 이장되고 그 자리에는 흉상이 자리하고 있었던 것이다.

사냥의 성인 성 위베르를 기리기 위해 건립되었다는 성당 정중앙에 화가의 묘가 있다. 프랑수아 1세의 전폭적인 지지를 받으며 자유롭게 사고하고 열정을 불태우며 작품에 집중했던 프랑스에서 화가가 바친 3년을 상상했다. 국왕의 수석 화가로 엔지니어와 건축가로 그리고 왕을 위한 축제 준비까지 주어진 일에 몰두했던 노년의 레오나르도의 열정 앞에서 절망과 방황 속에서 의미 없이 스러져간 나의 6년을 생각했다.

'신통치 못한 작품을 남겨 신과 인간의 마음을 상하게 했다.' 죽음을 앞둔 레오나르도가 침상 머리맡에 두었다는, 천재의 겸손한 글이다. 심금을 울린 천재 예술가의 글 앞에서 너무도 하찮은 내 모습에 부끄러운 마음을 꿇는다.

자신의 길을 당당히 걸어간 제인 오스틴처럼
영국 올턴, 배스

작가가 설득한 선한 영향력

루이스(Lewes)에서 버지니아 울프 생가를 방문한 후 2018년 8월 20일 두 번의 기차를 갈아타고 올턴(Alton)으로 향했다. 《이성과 감성》, 《오만과 편견》, 《설득》 등 소설과 영화로 여고 시절부터 익히 마음속에 각인된 제인 오스틴(Jane Austen, 1775~1817)의 숨결을 듣기 위한 올턴 방문은 내게 특별했다.

시내로 들어서자 책 모양의 독특한 의자가 눈에 들어온다. 제인의 오빠 헨리 오스틴이 다녔던 은행 앞에 제인 사망 200주기를 기념하기 위해 '제인과 함께 앉기'라는 프로젝트로 만들어진 의자다. 의자는 학생들이 만든 것으로 암 환자 치료센터에 기부하기 위해 경매에 부쳐졌는데 올턴 마을에서 살았던 제인 오스틴을 기념하기 위해 사들인 것이라고 한다. 제인이 사망한 지 200년이 넘었지만 그녀가 남긴 진실은 오랜 세월 퇴색되지 않은 채 이 작고 아름다운 올턴 사람들의 마음을 설득시키고 있었다.

예술가들의 작품이 주는 선한 영향력은 그 시대에서 끝나는 것이 아니

* 올턴 초턴에 있는 작가의 집. 셋째 오빠 에드워드가 사준 집이다.

라 영속된다는 것을 새삼 깨달으며 위대한 예술가들에 대한 존경과 경외감에 가슴이 뜨거워짐을 느낀다.

문학과 고독 사이

숙소 게스트로펍(Gastropub, 술과 음식을 제공하는 레스토랑에 딸린 숙소)에서 약 1킬로미터 거리에 있는 초턴(Chawton)으로 향했다. 옛 모습 그대로 보존되어 있는 마을은 마치 제인이 살았던 당시로 타임머신을 타고 온 듯한 느낌이다.

제인의 붉은 벽돌집은 1809년 오빠 에드워드가 사준 곳으로 배스(Bath)에서 5년의 삶과 아버지 사망 후 형제, 친척, 친구 집을 전전하며 3년을 살다가 어머니, 언니 카산드라와 함께 생애 마지막 8년을 살았던 곳이다. 다양한 종류의 꽃과 식물, 나무들이 울창한 아름다운 정원에서 세월의 나이가 느껴지는 참나무 아래에 앉아, 숲을 거닐며 사고(思考)에 잠겨 명작들을 탄생시킨 제인의 모습을 상상한다.

피아노 소리에 이끌려 건물 안으로 들어갔다. 응접실에서 여직원이 영

* 식당에서 아침 식사를 마친 제인은 벽시계 아래에 있는 작은 탁자에서 글을 쓰곤 했다.

화 <비커밍 제인>에서 제인으로 분한 영화배우 앤 해서웨이처럼 피아노를 치고 있다. 평소 음악을 좋아했던 제인은 아침 식사 전에 1층 식당과 인접한 이 응접실에서 자주 피아노를 쳤다고 한다. 이른 아침 온 가족을 놀라게 하던 제인(앤 해서웨이)의 피아노 치는 모습이 떠올라 유쾌하다.

식당 창가에 놓인 호두나무로 된 12각형 작은 탁자가 눈길을 끈다. 아침 식사를 마친 제인이 날마다 글을 썼던 테이블이다. 제인이 죽은 후 어머니 오스틴 부인은 이 탁자를 나이 든 하인에게 주었던 것인데 후에 이곳에 기증했다고 한다.

저 작디작은 탁자 앞에 앉아서 글을 쓰던 작은 여성은 200년 전 대문호가 되었다. 작가의 영혼이 깃든 작은 탁자 앞에서 오랫동안 맴돌며 문학에 대한 제인의 열정을 생각한다.

돈 대신 사랑을 택했고 그 사랑을 간직하며 평생을 독신으로 살았던 제인의 삶이 성공적인 삶이 되었던 이유는 자신의 삶에 애정을 가지고 소설에 대한 열정을 불태웠기 때문이리라. 형제들과 왕래가 잦아 집안 분위기가 활달하고 따뜻했다고는 하지만 평생 혼자였던 제인의 삶의 흔적에서 느껴지는 것은 고독이었다. 제인은 작가에게 고독은 숙명임을 받아들

＊ 언니 카산드라가 그린, 제인을 닮은 유일한 초상화

였던 듯하다. 열정이 있는 삶이야말로 자신이 살아 있음을 느끼게 한다는 것을 알게 된 나는 '비로소 고독을 친구로 받아들이고 제대로 즐길 수 있는 내가 되어야 한다'는 생각을 한다.

이성에 대한 편견을 고쳐가는 《오만과 편견》 속 제인과 엘리자베스 자매처럼, 합리적이고 이성적인 엘리너와 열정적이고 감성적인 마리앤의 《이성과 감성》 속 자매들처럼 평생을 독신으로 살면서 우정을 다졌던 카산드라와 제인 자매의 흔적이 살아 숨 쉬고 있는 곳곳에서 문학적 감성과 열정을 느끼고, 긍정의 힘을 얻는다.

작가의 열정을 걷다

올턴에서 기차를 타고 2시간 이상을 달려 배스로 이동했다. 제인의 소설 《노생거 사원》과 《설득》의 배경지를 체험해보고 싶은 목적이다. 약 1세기 중반 로마인들이 온천과 사원을 세우면서 건립되었다는 배스는 영국에서 유일하게 자연 온천수로 유명한 곳이다. 도시의 분위기가 안정적

* 배스에 자리한 제인 오스틴 센터와 제인이 배스에서 살던 때의 아파트. 흰색 대문이 있는 집이 제인이 살던 집이다.

이면서 생기가 넘친다.

부모님이 이곳 배스 성 스위딘 교회에서 결혼을 했다고 하니 제인과 배스의 인연은 그녀가 태어나기 전부터 시작되었다고 볼 수 있다. 1797년 후반 배스에서 머물렀던 6주는 제인에게 문학적인 상상력과 영감을 주는 계기가 되었고 그 후 1799년 오빠 에드워드의 초대로 배스를 다시 방문하게 된 제인은 흥미롭고 생동감 넘치는 배스의 모습을 소설에서 생생하게 묘사하고 있다. 오스틴 가문의 삶을 반영한 듯 보이는 《노생거 사원》의

* 매춘부와 포주, 거지들이 우글거리던 배스의 트림 거리에서 살았던 제인의 고단했을 삶이 상상되어 가슴이 울렁거렸다.

여주인공 캐서린 가족의 모습은 제인 소설의 주제들이 자신의 삶 속에 있었음을 말해주고 있다.

1801년 아버지 조지 오스틴 목사가 은퇴 후 이사를 하여 5년간 그리고 아버지의 죽음 이후 배스에서의 생활이 결코 순탄치 않았던 제인의 발자취를 찾아나서 보기로 한다.

제인의 단골이었다는 카페 샐리런(Sally Lunns)에서 작가를 상상하며 크림 티를 마신 후 '제인 오스틴 센터'로 향한다. 게이(Gay)에 있는 제인 오스틴 센터는 아버지가 돌아가신 후 몇 달 동안 살았던 집과 유사한 집을 박물관으로 개조한 것이라고 한다. 18세기 의상을 입은 가이드의 안내를 받아 제인 오스틴이 살았던 시대와 작가의 흔적을 고스란히 느껴본다.

팸플릿을 들고 제인이 살았던 집들을 찾아 걷기로 한다. 배스로 이사를 와서 사는 동안 세 번의 이사를 거치며 순탄치만은 않았을 제인의 삶을 상상하며 말이다. 제인 가족이 이사 와서 가장 행복한 5년을 보냈다는 시드니(Sydney) 광장 4번지는 특별할 것이 없는 평범한 아파트다. 제인이 살았던 집 대문만 흰색이어서 눈에 확 띈다. '지금은 여행자 임대 아파트로 이용되고 있다는 것을 미리 알았다면' 하는 아쉬움에 한참을 서성이고 있는데 문을 열고 한 남자가 들어가고 있다. 저 남자는 여행객일까? 부럽다.

배스에서 살았던 마지막 집이 있던 트림 거리(Trim Street)로 향했다. 제인 가족은 그린 파크 빌딩에서 살았는데 당시 트림 거리에는 매춘부와 포주, 거지들과 도둑들이 우글거리는 곳이었다고 한다. 아버지 사망 후 경제적인 어려움을 겪게 된 제인의 삶이 얼마나 고단하고 비참했을지 짐작조차 되지 않았다.

제인의 다양한 체험들 역시 자신의 작품에 투영되었으리라. 상상만으로 쓴 작품에서 느껴지는 가벼움이 아닌 진실이 담겨 있는 작품은 독자들의 심금을 울리고 묵직한 감동을 준다. 이곳 배스에서의 체험을 통해 제인은 《노생거 사원》에서 자신을 닮은 솔직하고 당찬 '캐서린'과 《설득》에서 다정하면서도 당당한 '앤'을 만들어낼 수 있었으리라.

여성에게 관대하지 않았던 시대에 자신의 일을 당당하게 해냈던 제인 오스틴의 열정적인 삶은 앞으로 내가 걸어가고 싶은 삶의 여정이다.

내 마음을 빼앗은 조각가 로댕
프랑스 칼레, 파리, 뫼동

백악 절벽에 마음을 빼앗기다

맨체스터, 리버풀, 더블린, 슬라이고, 골웨이, 코크, 벨파스트, 런던데리, 에든버러 등 87일간의 영국 세 번째 여행을 마치고 2019년 10월 27일 프랑스 칼레(Calais)로 다시 들어온다. 심한 바람을 동반한 비가 내린 어제와는 달리 배를 타고 도버해협을 건너기에는 최적의 날씨다. 다른 곳으로 이동하는 날이면 오던 비도 멈추어주니 이 얼마나 고마운 일인가.

아침 7시 호스텔을 나서 도버(Dover)시에서 버스를 탄 채 배에 올랐다. 배가 도버시와 점점 멀어지자 도버 해안의 흰 절벽이 병풍처럼 아름답게 펼쳐진다. 이 하얀 절벽 때문에 영국을 앨비언(Albion, 하얀 나라)이라고 부르기도 한다니 그럴 만도 하다. 파리에서 런던으로 갈 때는 해저 터널을 통해 이동하게 되어 미처 보지 못한 아름다운 풍광에 마음을 빼앗긴다.

이민자들 때문에 까다롭던 영국 입국 심사 때와는 달리 순조롭게 진행된 심사를 받고 칼레 페리 터미널을 나와 이틀을 머물게 될 호스텔로 향한다.

오귀스트 로댕(Auguste Rodin, 1840~1917)이 조각한 〈칼레의 시민〉을 직접 보기 위해 오게 된 칼레시는 어떤 모습일까? 노을 속으로 잔잔히 스며들고 있는 도시는 새로운 곳에 대한 기대와 설렘 앞에서 아름다운 모습으로 평화롭게 다가오고 있었다.

인간적인 모습에 매료되다

〈칼레의 시민〉을 보기 위해 일찍 숙소를 나섰다. 조용하고 평화로운 칼레의 가을을 걸어 시청 앞 광장에 다다른다. 1347년 백년전쟁 당시 영국군에 포위당했던 칼레 시민들을 구한 여섯 상류층에 대한 일화를 형상화한 조각상이 그곳에 있다. 그런데 생각했던 영웅의 모습과는 사뭇 다르다. 스스로 자기 목과 맨발에 밧줄을 두르고 처형장으로 나서는 6명의 절망에 찬 모습을 로댕은 절묘하게 빚어놓았다. 운명 앞에서 홀로 서서 죽음을 기다리는 사람들의 모습에 분개한 칼레 시민들은 영웅의 모습으로 바꾸기를 요구했으나 로댕은 거절했다고 한다. 어쩌면 이 조각이 영웅적인 모습이었다면 가볍게 보고 스쳐 지나갔으리라.

나는 절망과 고뇌에 찬 사람들의 표정에 매료되어 각기 다른 표정을 하고 있는 여섯 사람들을 여러 각도에서 살펴보았다. 시민을 구하기 위해 자신을 희생시키고자 선뜻 나섰지만 정작 죽음의 공포 앞에서 갈등하고 고뇌할 수밖에 없었을 지극히 인간적인 모습에서 로댕이 표현하고자 한 인간의 진실을 볼 수 있었다.

사실 '칼레의 시민' 이야기는 후대에 과장되게 왜곡되어왔다는 설이 있다. 당시 죄인들이 잘못을 참회하기 위해 종교 의례의 일환으로 광장을 행진했는데 그 일화가 후대의 필요에 의해 숭고한 희생으로 미화되어 재창조되었다는 것이다.

그러나 내게 일화의 진실 여부는 중요하지 않다. 영웅으로 미화하여 다시 바꿔주기를 바랐던 칼레 시민의 요구에도 불구하고 인간의 진실된 모습을 담아내는 일에 주저하지 않았던 로댕이 빚어낸 지극히 인간적인 모습에 이미 감동했기 때문이다.

전 세계에 흩어져 있는 12개의 시리즈 중 첫 번째 <칼레의 시민>은 1889년에 완성되어 1895년에 칼레시에 헌정되었지만 시민들의 반대에 부딪혀 19세기에 조성된 리슐리외 공원(전쟁으로 희생된 망자들을 위한 기념비가 있는 곳에 '칼레의 시민'이 있었다)에 세워졌다고 한다. 제2차 세계대전이 끝난 후 칼레 시민들은 '노블레스 오블리주(noblesse oblige, 상류층이 지니는 도덕적 의무)'에 대한 자부심을 갖기 위해 <칼레의 시민>을 구 시청 맞은편 광장으로 옮김으로써 50년 만에 제자리를 찾은 것이다. 비로소 칼레 시민들도 로댕의 의도를 알게 된 것이리라.

무엇이든 내가 믿고자 하면 진실이 되는 것이고 믿지 않으면 거짓이 되는 것이다. 칼레 시민을 위해 스스로 목숨을 바치겠다고 나선 칼레시의 가장 부자였던 외스타슈 드 생피에르(Eustache de Saint-Pierre)를 비롯한 용기 있는 6명의 동판에 새겨진 이름 앞에서 나의 작은 마음이 크게 닿고 있음을 깨닫는다.

신(God)의 손

칼레에서 아미앵(Amiens)으로 이동하여 《80일 간의 세계일주》를 쓴 쥘

* 절망, 낙담, 좌절 등 인간의 고뇌가 느껴지는 표정 등 인간의 진실된 모습을 절묘하게 빚어낸 〈칼레의 시민〉

베른 생가를 둘러보고 10월 31일 파리로 이동하였다. 헬싱키 호스텔에서 만나 친구가 된 한국인 아가씨 수안 씨 집에서 세 달간 머물기로 한다. 발음이 몽글몽글하게 예쁜 프랑스어에 빠져 있던 터에 프랑스어 학원에 다니기로 한 것이다. 자유 여행의 맛이란 즉석에서 여행 계획을 수정할 수 있다는 것에 있다. 주말엔 미처 가보지 못한 프랑스 예술가들의 집을 방문하기로 한다.

11월 16일 주말, 바렌(Varenne) 거리에 있는 18세기 로코코 건축 로댕 박물관으로 향했다. 1908년 거의 방치된 상태에 있는 건물을 발견한 로댕은 1911년 방 4개를 임대하여 사용하기 시작하였고 그 후 건물을 매입하여 작품을 전시하고 죽기 1년 전인 1916년 프랑스 국가에 기증했다고 한다.

정원 입구로 들어서자 로댕의 조각들을 품고 있는 아름다운 정원이 눈앞에 펼쳐진다. 11월 파리의 추위는 매서웠지만 생동감 넘치는 조각들은 여지없이 나를 정원으로 이끌었다.

〈생각하는 사람〉, 소설가 〈발자크〉와 〈빅토르 위고〉 그리고 〈지옥의 문〉과 〈칼레의 시민〉 등 살아 있는 듯한 인물들의 표정에서 느껴지는 생동감은 작가가 얼마나 사람들을 자세하게 관찰하고 새로운 시각으로 보았는지를 알 수 있게 했다.

18개의 방에 전시된 청동과 석고 모형, 흙, 스케치, 대리석 조각품 등은 조각가의 생애 전반에 걸친 열정적인 창작 과정을 보여주고 있었다. 정원이 내려다보이는 박물관 객실에 전시된 조작들은 창으로 들어오는 빛에 따라 시시각각 새로운 모습으로 다가와 그 아름다움에 빠져들 수밖에 없었다.

유명한 조각 〈키스〉 앞에 섰다. 마치 밀가루 반죽을 주물러 빚어놓은

* '지옥의 문'에서 〈생각하는 사람〉, 〈키스〉 등을 찾아 볼 수 있다.

* 〈손〉, 〈키스〉 등을 빚은 로댕의 손은 신의 손인 것일까?

듯한 부드럽고 유연한 그러나 남녀의 관능적인 모습에 숨이 멎을 것 같다.

이탈리아 시인 단테 알리기에(Dante Alighieri)의 서사시 《신곡》에 등장하는 두 연인 파올로(Plolo)와 프란체스카(Francesca)가 키스하는 장면을 들켜 살해당한 후 지옥을 떠도는 장면을 조각한 것으로 〈지옥의 문〉 오른쪽(관람자 시선) 맨 아래에 등장하는 인물들이다. 조각가는 1886년 하얀 대리석 위에 관능적인 모습을 단독 작품으로 조각하여 1887년에 전시했다고 한다.

로댕은 분명 신의 손을 가지고 태어난 조각가다. 회화에 집중되어 있던 나의 관심이 분산되는 순간이다. 조각이 얼마나 아름답고 매력적인지를 체험하게 했던 로댕은 그의 또 다른 집으로 나를 이끌었다.

영광의 순간

숙소 앞에서 메트로와 버스를 타고 뫼동(Meudon) 브릴랑(Brillants) 거리에 있는 로댕 하우스로 향했다. 노랗게 물든 정원 가로수 길 옆으로 소설가 〈빅토르 위고〉와 〈키스〉 등 검은색 대리석 조각들이 전시되어 있다. 가을의 정취가 물씬 느껴지는 그 길을 걸어 넓고 아름다운 정원을 산책했다. 초원에 우뚝 서 있는 하얀색 석고로 조각한 대형 조각상 〈발자크〉의 모습이 매우 인상적이다. 아내 로즈 뵈레(Rose Beuret)와 함께 20년 동안 자연 속에서 평온함을 누렸을 로댕을 생각하게 하는 정원이다.

골동품 작업실로 향했다. 자연광으로 인해 변화하는 실험 장소로 썼던 이집트와 중세 조각품, 로마 대리석들 속에서 작가는 과거와 대화하고 조각들을 만져보며 손으로 느끼고 이해하는 시간을 가졌으리라. 조각에 쓰인 장비들은 물론 완성품을 만들기 위해 열정적으로 연습에 몰두한 흔

* 완성 작품을 만들기 전 연습한 조각들 속에서 로댕의 열정을 느낄 수 있었다.
* 로댕이 사용했던 조각 장비들에는 조각가의 영혼과 손길이 고스란히 남아 있을 것이다.

적들이 그대로 남아 있는 갤러리에서 조각가 로댕의 영혼이 온전하게 전달되는 느낌이었다.

〈지옥의 문〉과 〈칼레의 시민〉을 조각하기 위해 인간이 지닌 열정과 절망, 저주, 공포의 비극 그리고 용기, 절망, 낙담 등을 표현하는 200개 이상의 인물과 그룹을 만들었던 일부 조각들에서 고스란히 느껴지는 작가의 열정이 전율로 다가왔다.

1900년 파리에서 열린 만국박람회에 작품을 출품하기 위해 로댕은 이곳에 앨마(Alma)관을 지어 전시한 후 그의 영광은 절정에 이르렀다고 한다.

그냥 얻어지는 영광이란 존재하지 않는다. 로댕은 평생 조각에 정열을 바쳐 일했고 그 결과는 후손들에게 큰 감동을 주고 있는 것이다. 로댕이

* 〈생각하는 사람〉 조각 아래 잠들어 있는 로댕은 보이지 않는 곳에서도 여전히 정열적으로 조각을 생각하고 있으리라.

빚어낸 아름다운 조각들과 그 안에 담긴 열정에 감동과 전율이 고스란히 느껴지는 시간이다.

갤러리 바로 앞에 있는 〈생각하는 사람〉 조각상 앞에 섰다. 조각 아래 이곳 뫼동 집에서 1917년 1월 29일 결혼식을 올린 후 그다음 달에 사망한 아내 로즈 뵈레와 그해 11월에 사망한 로댕이 잠들어 있다.

한때 내게 주어진 일에 최선을 다하며 살았던, 그래서 작은 영광도 누렸던 행복했던 시절을 떠올리며 내 안에서 다시 움트기 시작한 작은 열정을 생각한다. 그것은 로댕의 영혼을 만날 수 있었던 시간 안에 있었다.

사랑이 넘쳤던 도스토옙스키의 삶
러시아 모스크바, 상트페테르부르크

모스크바 국제영화제 관람 카드를 얻다

작가 톨스토이, 푸시킨, 예세닌, 미하일 레르몬토프, 안톤 체호프, 니콜라이 고골, 보리스 파스테르나크 등과 음악가 차이콥스키, 블라디미르 비소츠키 등의 하우스를 둘러보고 크렘린궁과 볼쇼이 극장에서 발레를 보면서 모스크바에서의 시간들이 행복으로 젖어들고 있었다.

2019년 4월 18일, 소설가 표도르 미하일로비치 도스토옙스키(Fyodo Mikhailovich Dostoevskii, 1821~1881)의 생가를 방문하기 위해 숙소를 나섰다. 머물고 있는 캡슐 호스텔 근처 카로(Karo) 시네마 앞이 사람들로 장사진이다. 궁금함을 참지 못한 나는 영화관 관계자에게 물어보기로 한다. 4월 18일부터 25일까지 '모스크바 국제영화제'를 한단다. 영화를 좋아하는 나의 눈을 번쩍 뜨이게 했다. 적극적으로 직원에게 도움을 요청했다.

"당신의 열정에 감동했어요." 직원 나스티아의 도움으로 받아 든 인정카드. 8일간 매일 영화를 무료로 볼 수 있게 된 행운에 가슴이 뛰었다. 그렇게 관람하게 된 첫 영화 <타임 투 리브>(2005). 삶과의 영원한 이별을 담담하게 준비하고 맞이하는 로맹(배우 멜비 푸포)의 모습에 자신 앞에 다가온 죽음을 인정(認定)하고 겸허하게 받아들이던 남편의 모습이 오버랩되었다. 엔딩이 남긴 투명한 여운 앞에서 내게 다가온 변화된 삶도 겸허하게 받아들이기를 소망하는 남편의 말이 들리는 듯하다.

문학적 감성의 저변

카로 시네마 앞에서 약 1시간을 걸어 토스토옙스키 생가에 도착했다. 1806년에 지어진 작가의 생가는 과거 빈민들을 위한 마린스키 병원 건물 중 하나였다. 마린스키 병원 의사로 임명된 아버지 미하일 안드레예비치가 병원 측으로부터 받은 별관 아파트에서 도스토옙스키는 사관학교로 공부하기 위해 떠나기 전까지 15년을 살았다.

작가의 막내 동생 안드레이가 남긴 회고록을 바탕으로 복원된 아파트 내부는 벽과 스토브, 천장만이 원형 그대로 보존되었을 뿐 작가에 관한 책과 사진, 생활용품 등을 기증받았으나 자료는 그리 많지 않았다.

종종 작가의 생가에 대한 거창한 기대를 할 때가 있다. 대문호의 생가에 대한 환상은 더더욱 그렇다. 그러나 작가가 태어나고 살았던 공간에서 상상할 수 있는 시간은 평전을 읽는 것보다 의미 있는 시간이다.

작가의 어린 시절 가족은 문학에 큰 관심을 가져 러시아와 유럽 작가들에 관한 책을 많이 보유하고 있었는데 도스토옙스키는 자연스레 그런 작품들과 쉽게 접근할 수 있었으리라. 뿐만 아니라 병원의 많은 환자들은 가난하고 사회에서 버림받은 사람들이었는데 어린 도스토옙스키는 이들과 대화하기를 즐겼다고 하니 병원에서의 경험은 《가난한 사람들》이

* 작가의 동생 안드레이의 회고록에 의해 복원된 응접실

나 《죄와 벌》 등 작가의 대부분의 소설에 투영되었다고 볼 수 있다. 작가의 작품 속에 등장하는 잔혹한 아버지들은 잔인할 정도로 엄격했던 아버지의 영향을 받았던 듯하다.

이곳에서 어린 시절과 청소년기를 보낸 작가의 경험은 훗날 자신의 작품에 지대한 영향을 미쳤으리라는 것은 주목할 부분인 듯하다. '작가의 문학적 감성은 어린 시절 자신이 보고 자라는 과정에서 성립되는 것은 아닐까? 작가들의 글에서 종종 그들의 내면을 들여다보게 되는 것은 그런 연유이리라.' 펜과 자필 사인이 놓여 있는 작가의 책상 앞에서 나의 유년을 생각한다.

* 작가의 펜과 친필 사인

진심이 울린 감동

모스크바에서의 특별했던 한 달, 특히 8일간의 국제영화제에서 보게 된 8편의 영화가 준 가슴을 울렸던 감동은 내 기억의 창고에서 오래 머물게 되리라. 여전히 남게 된 아쉬움은 26일 새벽 기차를 타고 상트페테르부르크로 이동해야 되는 내 마음을 울컥하게 한다.

"지안! 당신이 떠나기 전에 멋진 레스토랑에서 식사를 사주고 싶어요." 15일 동안 머물게 된 캡슐 호스텔에서 만나 친구가 된 모델 아가씨 J가 메시지를 보내왔다. 영화를 함께 보러 다녀주던 J의 뜻하지 않은 초대는 또 한 번 나를 감동시킨다. 그녀가 예약해둔 모스크바 드림 시티에 있는 레스토랑 루시키(Ruski)는 85층에 있는 고급 레스토랑이다. 직원은 모스크바강과 시내를 훤히 내려다볼 수 있는 최상의 자리로 나를 안내했다. J가 주문해준 냉이고추와 겨자를 곁들여 먹는 양고기가 든 젤리와 으깬 감자 위에 올라가 있는 키예프(우크라이나의 수도) 스타일의 치킨커틀릿은 차갑고 따뜻함이 조화를 이룬 음식이다. J가 특별히 나를 배려해 주문한 음식이었던 것. 길 위에서 누리게 된 호사에 가슴이 뜨거워진다. 디저트를 먹은 후 J는 사면이 모두 유리로 되어 있는 넓은 레스토랑을 데리고 다니며 모스크바의 밤 풍경을 감상할 수 있도록 배려했다.

"나는 진실된 마음으로 당신을 대하고 싶었습니다. 우리 멋진 친구가 되어서 기쁩니다." J의 말이 감동으로 다가왔다. 함께해준 시간들에 대한 고마운 마음을 담아 J에게 편지를 썼다. 그녀는 편지에 큰 감동을 받았다며 나를 끌어안아주었다.

때때로 우연히 다가오는 기적 같은 짜릿한 순간들이 나의 여행을 빛나게 하고 있었음을 깨닫는다. 내가 가고 있는 이 길에서 얻게 되는 소소한 행복이 상실의 아픔을 자연스럽게 희석시키고 있다. 아픔은 더 이상 고통이 아니라 나를 단단하게 성장시켜주고 있는 자양분이었음을 생각한다.

한국에 돌아갈 때 J와 다시 만날 것을 약속하며 우리는 따뜻한 포옹을 했다. 그녀의 온기를 온전히 가슴에 품고 상트페테르부르크로 향하는 기차에 몸을 싣는다.

달라진 관점

2019년 4월 26일 오전 1시, 모스크바 레닌그라드스키역에서 기차를 타고 8시간 만에 아침 상트페테르부르크 모스크프스키역에 도착했다. 폰탄카강과 네바강을 끼고 형성된 상트페테르부르크는 1703년에 형성된 이래 정치·경제·문화·예술의 중심으로 발전되어온 러시아 제2의 도시다. 아직 본격적인 백야(러시아는 6~8월이면 해가 지지 않아 밤에도 어두워지지 않는 현상

* 상트페테르부르크 작가의 하우스는 구소련 시대 이후 공동 아파트가 들어섰으며 작가 탄생 150주년을 맞아 동시대인들의 회상과 기록을 통해 복원되었다.

이 일어난다)가 시작되기 전이지만 도시의 아침은 대낮처럼 밝고 활기차다.

호스텔 체크인을 하고 1킬로미터 거리에 있는 도스토옙스키가 살았던 집으로 향한다. 작가가 1878년부터 생을 마감하기 전까지 4년을 살았던 이 집은 작가의 속기사였던 두 번째 아내 안나 그리고리예브나 스니트키나의 증언을 참고로 손자를 비롯한 주변인들의 소장품 기증으로 복원되었다고 한다. 작가의 사회적·종교적 신념과 비극적인 허구 세계는 구소련의 이데올로기와 양립하여 우여곡절을 겪었다.

주요 관심사인 작가의 서재부터 찾았다. 드라마 〈도스토옙스키〉에서 작가로 분한 배우 예브게니 미로노프가 글 쓰는 일에 열정적이었던 모습이 머릿속에 그려졌다. 소설 《카라마조프가의 형제들(두 자녀를 잃은 작가의 비극적 경험이 반영된 소설이다)》을 집필하고 1880년 푸시킨 기념비 제막식 때 유명한 연설을 준비했다는 저 위대한 책상 앞에서 말이다. 작가의 책상 앞에서 무언의 교감을 느끼고 싶은 간절함이다.

작가는 밤에 글을 쓰는 일에 익숙하여 밤 11시나 12시부터 아침 5시나

6시까지만 글을 썼다고 한다. 위대한 작품들이 탄생되어진 시간, 자신의 라이프 스타일에 맞는 글쓰기의 중요성을 생각할 수 있었다.

작가의 책상 바로 앞 작은 탁자 위에 작가가 사망한 날짜와 운명 시간, 오후 8시 36분에 멈춘 시계가 있다. 작가의 영혼이 낳은 작품들은 불멸하다는 것을 보여주는 시간이다.

책상 뒤편 소파 위에는 작가가 좋아했다는 라파엘로가 그린 <시스티나 성모>가 걸려 있다. 잔혹하리만치 엄격했던 아버지와 달리 푸시킨, 고골, 찰스 디킨스, 빅토르 위고 등 러시아와 유럽 작가들이 쓴 작품들을 읽어주던 자상하고 사랑이 넘쳤다는 도스토옙스키. 아버지로서의 따뜻한 이미지를 떠오르게 하는 그림이다.

작가의 삶의 과정이 작품에 어떤 영향을 미쳤는지 알아가는 여정 속에서 작가의 진실한 모습을 발견하는 것, 독자에게는 행복한 일이리라. 나는 작가가 태어나 삶을 시작한 생가를 시작으로 죽음을 맞은 공간에 서서 생(生)과 사(死)는 맞닿아 있음을 깨닫는다.

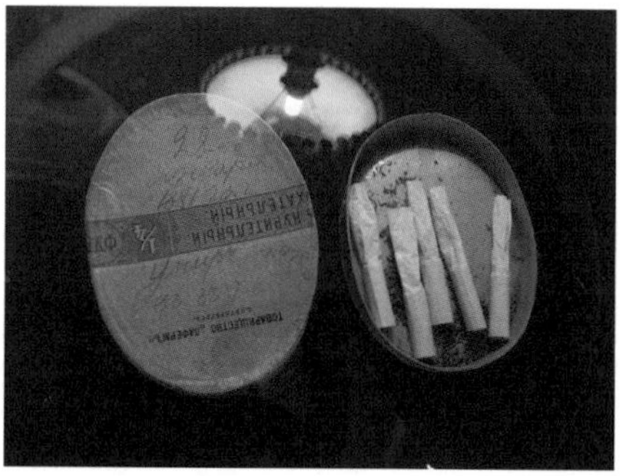

* 아버지(도스토옙스키)가 사망한 날짜가 적혀 있다. 딸이 담배 케이스에 남긴 글이다.

4장

용기로 도전하고 극복하다

두려움과 맞선 버지니아 울프의 숨결을 느끼다
영국 루이스

머리카락을 밀었어도 나는 나야

83일간의 캐나다 여행을 마치고, 2018년 8월 7일 밴쿠버(Vancouver)에서 영국행 비행기를 탔다. 비행기 안에서 1박을 하고 히스로(Heathrow)공항에 도착한 것은 오전 11시. 직원이 내 얼굴과 여권에 붙은 사진을 수차례 번갈아가며 들여다보더니 질문을 던졌다.

"이 사진과 동일 인물 맞나요?" "오케이!" 그도 그럴 것이 사진 속 나는 긴 머리카락을 가진 채였다. 인도와 이집트, 캐나다 등에서 여러 차례 머리카락을 밀었으니 여권에 박힌 사진이 나와 동일 인물이라고 생각할 수 없는 '웃픈' 상황이 된 것이다. 나는 "자유롭게 여행을 하기 위해 머리카락을 밀었어요"라고 설명을 했다. 그녀는 고개를 갸우뚱하면서도 눈을 찡긋하더니 통과시켜준다. 까다롭다는 영국 공항을 무사히 통과했으니 더 이상 겁낼 것도 없다(그 후로 나는 과감하게 오픈티켓으로 여행을 시도했다)는 생각은 나를 더 용기 있게 만들었던 것일까? 마음이 여유로워지자 자신감은 덤으로 충전된다.

파운드를 인출하여 유심칩을 사고, 언더그라운드(Underground, 영국의 지하철)로 가서 오이스터(Oyster) 교통카드를 구매하여 지하철을 탑승했다. 마치 영국을 여러 차례 와본 사람처럼 막힘없이 진행했다. 아들과 헤어진 후 이어진 241일간의 '혼행'이 가져다준 장족의 발전이다.

'그래, 이대로 용기 있게 쭉 가는 거야.'

1시간쯤 달려 도착한 런던 브리지역에서 드루이드(Druid) 가에 위치한 호스텔을 찾아 가는 길, 템스강 주변에서 여유를 즐기는 젊은이들처럼 나의 여행도 젊어지고 있음을 느끼며 팔랑팔랑 걷는다.

공포와의 투쟁

블룸즈버리에 있는 타비스톡 스퀘어 가든을 산책하다 발견한 버지니아 울프(Virginia Woolf, 1882~1941)에 관한 글은 그녀를 만나기 위한 일정을 앞당기게 했다. 가든 건너편에 있는 타비스톡 호텔 건물에는 버지니아와 문인이자 출판인이었던 그녀의 남편 레너드(Leonard)가 1924년부터 1939년까지 살았다는 명판만 붙어 있다.

각기 다른 시간과 공간을 사는 세 여인의 이야기를 다룬 영화 <디 아워스>(2002)에서 버지니아 울프로 분한 니콜 키드먼은 이렇게 말한다. "삶과의 투쟁 없이는 행복도 없어요. 삶을 회피하지 않고 과감하게 맞서 싸우면서 내 삶의 의미가 무엇인지 알았죠."

작가는 작품 속에 자신의 모습을 투영한다고 했던가. 질곡(桎梏) 속에서 당면한 삶과 맞서 치열하게 싸웠을 작가의 숨결을 느끼고 싶다는 열망은 그렇게 시작되었다.

* 버지니아 울프가 몸을 던진 우즈강 다리. 그녀의 영혼을 삼킨 강물은 여전히 유유히 흐르고 있었다. 첫날 이 길을 걸으면서 공포 앞에서 여행의 의미를 생각하고 맞서 싸웠다.

여고 시절 시인 박인환의 시 〈목마와 숙녀〉를 통해 알게 된 버지니아 울프. 그녀의 영혼을 만날 수 있으리라고는 상상조차 하지 못했다. 하지만 지금 내 앞에 펼쳐지고 있다는 사실은 나를 흥분시키기에 충분했다.

타비스톡 거리에 있는 호스텔 앞에서부터 다섯 번의 교통편을 갈아타고 루이스역에 도착했을 때는 먹장구름이 하늘을 온통 뒤덮고 있었다. 예약한 유스호스텔까지 들어가기 위해 버스를 탔지만 어느 학생의 친절을 믿고 내린 것이 낭패였다. '몽크스 하우스(Monk's House, 수도사의 집)'로 가는 골목 초입에서부터 호스텔까지는 약 2.2킬로미터. 빨리 걸어도 족히 30분은 걸어야 한다.

'1시간 이상 기다렸다가 버스를 탈 것인가, 아니면 걸어갈 것인가?' 여행의 목적을 생각했다. 그동안 혼자서 잘 해냈으니 나 자신을 믿고 용기를 내보기로 한다. 그러나 나의 계산이 오산이었음을 알기까지 그리 오랜 시간이 걸리지 않았다. 인적이라곤 없는 황량한 벌판, 그것도 먹장구름이 잔뜩 낀 날 세찬 바람을 동반한 그 길을 혼자 걷는다고 생각해보라. 겁이 많은 내게 그것은 공포 안에 나를 밀어 넣어 패닉 상태에 빠지게 할 수도 있는 일이었다. 그렇게 시작된 길, 머릿속은 하얘지고 긴장으로 온몸이 땀으로 범벅이 된 상태, 두려움과 공포를 상대로 치열하게 싸워야 했던 시간을 어떤 말로 표현할 수 있을까?

호스텔에 도착했을 때 나는 이미 녹초가 되어 있었지만 그보다 두려움과 공포를 이겨냈다는 안도감이 밀려와 눈물이 쏟아졌다. 그렇게 한동안 실컷 울고 나니 그제야 배낭의 무게에 짓눌린 어깨의 통증이 느껴지기 시작한다. 순탄치 않았던 여정, 공포 앞에서 잘 견뎌준 나의 용기를 칭찬한다. 길 위에서 '스스로 강해져야 한다'고 되뇌던 시간들이 헛되지 않았음에 감사하며 긴장했던 하루를 누인다.

버지니아가 걸었을 마지막 길을 걷다

작은 시골 마을 루이스 로드멜 거리에 있는 몽크스 하우스에 가려면 어제 버스에서 내려서 걸어왔던 길로 다시 걸어가야 한다. 전날보다 더 잔뜩 흐리고 바람이 부는 날씨인 데다 빗방울까지 떨어진다. 마음을 단단히 무장하고 숙소를 나섰다.

사우스 다운스 웨이를 따라 걸어가다가 우즈강 다리 앞에서 멈춰 선다. 코트 주머니에 큰 돌멩이를 주워 넣은 채 물속으로 침잠되어가던 영화 〈디 아워스〉 속 버지니아(배우 니콜 키드먼)의 슬픈 표정이 떠올랐기 때문이다. 그녀는 이 근처 어디쯤에서 몸을 던진 것일까? 버지니아는 집에서 나

* 버지니아 울프의 초상화. 그녀의 언니 바네사(Vanessa)가 그린 유화 작품(1912)이다.

와 교회를 지나 강을 가로지르는 큰 다리가 있는 곳까지 걸었다고 했다.

"그대가 준 행복, 말로 다 할 수 없으나 무너지는 내 모습 더 이상 볼 수 없어 나 이렇게 떠나요. 그간 내 삶과 행복을 지켜주느라 얼마나 힘들었을까요?" 마지막 대사는 이것이었다. 남편의 유언이 오버랩되어 마음이 스산하다.

조금 더 걷다 보니 둥근 탑이 있는 중세풍 교회가 보였다. 18세기 성 베드로 교회다. 버지니아는 이 교회 앞을 지나 강으로 내려갔겠지.

전날 미처 느끼지 못하고 걸었던 그 길이 또렷하게 보인다. 공포와 두려움은 내 모든 의식을 집어삼켜 주변의 풍광이 전혀 눈에 들어오지 못하도록 차단시켜버렸었나 보다. 나는 그녀가 마지막으로 걸었을 그 길을 따라 걸으면서 자신의 처지를 비관하여 강물 속으로 침잠되기를 소망하던 그녀를 침몰시켰던 고통의 무게에 대해서 생각했다.

* 그녀가 집필한 책들

그 정원에는 지금도 꽃이 피고

16세기 주택 몽크스 하우스는 1919년 버지니아가 평온한 곳에서 글을 쓸 수 있도록 남편 레너드가 조성한 집과 정원이다. 울프 부부가 처음 이곳에 당도했을 때, 정원은 오래된 농장 건물들로 폐허 상태였다고 한다. 그런 열악한 곳을 레너드는 오직 아내를 위해 과수원과 텃밭을 일구고 정원을 아름답게 가꾸어놓았다니 남편의 사랑이 감동이다. 레너드의 정성은 드넓은 잔디밭과 과실수, 각양각색의 꽃나무들로 남아 오랜 세월 몽크스 하우스와 그 안에 잠들어 있는 버지니아를 아늑하게 감싸고 있었다.

파도에 비유하곤 했던 정원의 등나무 터널을 지나 무화과나무가 있는 곳에 다다르면 그녀의 집필실이 있다. 작가는 《자기만의 방》에서 "여자는 소설을 쓰려면 돈과 자기만의 방이 있어야 한다"고 했다. 이 집을 굉장히 매력이 있는 집이라고 했던 작가의 말을 이해할 수 있을 것 같다. 최고의 안식처가 되어주고 자유로운 사유와 집필을 위해 필요조건을 갖춘 공간! 제한된 인습적 통제 안에서 억압된 글을 써야만 했던 여성 작가가 해방되기 위해서는 '자기만의 방'이 있어야 함을 말하고 있는 버지니아에게 이 집은 최고의 집이 아니었을까?

* 방금까지도 그녀가 글을 쓰다 나간 것 같은 집필실

나는 작가의 집필실에 놓인 책상을 보면서 그동안 봐왔던 여성 작가들의 책상과는 확연히 크기에서 압도적으로 차이가 있음을 눈여겨볼 수 있었다. 뭇 남성 작가들과 동등한 입장에 서 있었던 그녀가 있는 그대로 느껴졌다.

종종 잼과 빵을 만들기도 했다는 버지니아. 주방에서 앞치마를 두른 모습은 그녀와는 어울리지 않을 것 같다는 생각을 해보았다. 그녀는 내 인식 속에서 고독과 우울감에 빠져 있는 작가로만 각인되어진 탓이었으리라.

당시 예술가와 작가들, 사상가들이 자주 모여 문학과 예술 얘기를 나누었다는 집필실 내부를 들여다보았다(큰 창문을 통해 작업실 내부를 훤히 들여다볼 수 있다). 버지니아는 글쓰기 작업실에 규칙적으로 출근하여 글을 썼다고 하는데, 그곳에는 타자기를 비롯하여 기사와 편지, 일기 등과 펜 자국과 담배꽁초, 쓰다 만 글 조각들이 당시 현장처럼 여기저기 널브러져 있다. 마치 그녀가 방금까지 글을 쓰다가 산책을 나간 듯한 모습이다. 그녀가 외출에서 돌아와 작업실 문을 열고 들어갈 것만 같은 이 공간에서 버지니아는 여전히 살아 있었다.

잘 가꾸어진 정원과 주변의 아름다운 경치에서 영감을 받아 썼다는 단편 《과수원》과 소설 《자기만의 방》, 《댈러웨이 부인》 등 대부분 주요 작품들이 탄생되었다는 방. 버지니아 울프의 '자기만의 방'이 보이는 무화과나무 아래서 나는 오랫동안 앉아 그녀의 숨결을 느꼈다. 고독한 작가의 세계, 감히 그 깊이를 가늠할 수는 없지만 긴 시간 처절한 삶과 맞서 싸웠을 그녀의 고통이 지독하리만큼 가슴 아리게 다가왔다.

그들 곁에 남편의 숨결 한 움큼 남겨두고 숙소로 돌아오는 길. 또다시 그녀가 걸었을 마지막 길을 따라 걸었다. 이번에는 두렵지 않은 마음으로 용기 있게 말이다.

세계 최고의 극작가, 셰익스피어
영국 스트랫퍼드어폰에이번

도전과 열정이 쓴 새로운 역사

2018년 8월 8일, 캐나다 밴쿠버에서 런던으로 이동한 나는 이곳에서 꼭 관람하고 싶은 연극이 있어 며칠 묵을 예정이다. 공연 관람 전 8월 10일 템스강 강변에 위치한 윌리엄 셰익스피어(William Shakespeare, 1564~1616) 글로브 극장을 방문했다. 현재 글로브 극장은 초창기 셰익스피어 시대 극장 원형이 아니라 복원된 극장이다. 1598년 뱅크사이드(Bankside)에 세워진 글로브 극장은 1613년 무대에서 쏘아올린 불씨로 인해 전소되어 다시 재건하였으나 그 후 1642년 청교도혁명으로 문을 닫았다가 1644년에 완전히 폐쇄되었다고 한다. 지금 그곳에는 1598~1619년까지 셰익스피어 글로브 극장이 있던 자리였다는 명패만 있을 뿐이다.

글로브 극장 입구에 들어서자 마치 <생각하는 사람>을 연상케 하는 두상이 눈에 들어온다. 극장을 재건한 미국인 배우이자 영화 제작자였던, 샘 워너메이커(Sam Wanamaker)다. 샘은 영국으로 이주한 미국인으로 1970년 극장 재건에 열정을 쏟았으며 오늘날의 극장 모습을 갖추게 한 글로브

* 런던 셰익스피어 글로브 극장은 원형이 아니라 미국인 배우 샘 워너메이커에 의해 복원된 극장이다.

극장의 공로자로 건물의 목재, 지붕이 없는 스탠딩석 등 16세기 당시의 기술을 그대로 사용하여 재건했다고 한다.

무대는 대부분 추측과 배우들의 조언에 의해 디자인되었고 근처 로즈 극장의 역사적 기록과 셰익스피어 시대의 그림과 작품들을 토대로 재건되었다고는 하나 원형에 가까운 극장은 아닌 셈이다. 그러나 글로브 극장에서 내가 느낀 진한 감동은 스탠딩석까지 포함하여 1,600여 명을 수용할 수 있는 거대한 극장이 아니라 대문호 셰익스피어에 대한 이방인 샘의 열정과 도전이었다. 샘이 아니었다면 오늘날 우리가 이런 호사를 누릴 수 있었을까?

셰익스피어의 글로브 극장은 한 사람의 열정과 도전이 쓴 새로운 역사였다.

보느냐 마느냐 그것이 문제로다

8월 12일 드디어 글로브 극장에서 《햄릿》 공연을 보게 되었다. 좌석에 따라 티켓 값이 15파운드에서 59파운드라니 과감하게 스탠딩석에서 보기로 한다. 5파운드(한화 약 7,500원)에 관람할 수 있으니 장기 여행자에게는 스탠딩석에서 관람할 수 있는 것만으로도 감지덕지한 일이다. 공연 시간이 다가오자 사람들로 붐비기 시작한다. 셰익스피어 시대에는 엘리자베스 여왕(1558~1603)에서부터 하층민들까지 함께 즐겼다는 공연장은 스탠딩석에서만 1,000여 명에 이르는 관객이 어우러져 관람을 했다고 하니 총 관객 수는 어마어마했을 듯하다.

막이 오르자 배우들이 등장한다. 셰익스피어 시대에는 여자 역할까지 모두 남자 배우들이 했는데 햄릿은 여배우가, 오필리어는 남자배우가 등장하였다. 말로만 들었던 젠더 블라인드 캐스팅(gender-blind casting, 성별에 관계없이 배역을 캐스팅하는 것으로, 한국에서는 '젠더-프리 캐스팅'이라고 하는데 예를 들면 2001년 공연한 <에쿠우스> 연극이 있다)을 한 연극을 보게 된 것이다. 처음 접해보는 성에 대한 생소한 연출이 햄릿을 한 남자로 보지 않고 한 인간으로 본다는 의미로 받아들인다 해도 전통 극을 기대했던 내게, 어색한 목

* 관객석에서 하늘과 함께 공연을 관람할 수 있다.

소리와 어울리지 않는 복장은 극에 몰입할 수 없게 했다.

아버지 유령이 병사와 오필리어의 무덤을 파는 남자로 등장하는 등 같은 배우가 2~4명의 역할을 하면서도 특별히 바꾼 의상이나 분장 없이 등장한 것은 실망감이 들기도 했다. 햄릿이 오필리어의 아버지를 작은아버지로 오해하여 칼로 찌를 때 드리운 커튼 외에 특별히 다른 무대장치가 없었던 것도 아쉬웠던 부분. 보느냐 마느냐 그것이 문제로다!

기대를 너무 크게 했던 탓에 1막에서 몰입되지 않던 극은 클라이막스로 치닫는 2막에서 그런 대로 몰입이 되었다. 한국에 있을 때 책을 읽고 연극을 본 혜택을 누린 셈이다. 하늘이 보이는 스탠딩석에 서서 수많은 관객들과 함께 호흡하며 셰익스피어 시대를 잠시 체험한 것만으로도 값진 경험이었다.

와! 당신 굉장히 멋져요

런던에서 소설가 찰스 디킨스, 루이스에서 버지니아 울프, 올턴에서 제인 오스틴 하우스를 방문하고 8월 25일, 글로스터(Gloucester)에서 기차를 타고 스트랫퍼드어폰에이번(Stratford-upon-Avon)역에 도착했다.

* 스트랫퍼드어폰에이번 유스호스텔에서 만난 84세 실라 할머니. 지금도 세계 여행을 한다는 멋진 실라 할머니의 도전과 용기에 빠져들었다.

에이본강과 인접한 스트랫퍼드어폰에이번은 인구 3만 명이 채 안 되는 작고 조용한 마을이다. 예약한 유스호스텔까지는 약 4킬로미터 거리다. 시내와는 다소 동떨어진 곳에 위치해 있어 버스를 타고 도착한 유스호스텔은 정원과 카페, 오락실 등을 겸비한 꽤 근사한 왕조 시대 저택이다. 미국을 여행하면서 만든 호스텔 멤버십 카드로 10% 할인까지 받고 기분 좋게 배정받은 룸으로 향한다. 내가 사용할 룸은 2층 침대 3개가 놓여 있는 6인실이다.

"Hello!" 보기에도 연세가 상당히 많으신 할머니가 웃으며 인사를 건넸다. 84세 실라 할머니다. 영국 요크셔에 사는 실라는 중국, 홍콩 등 세계 여러 나라를 혼자 7년째 여행 중이라고 했다. 언제 집으로 돌아갈지 계획이 없다며 웃는 실라 할머니.

"와! 당신, 굉장히 멋져요." 그 연세에 홀로 세계 여행이라니, 외모에서 풍겨오는 여유와 안정감이 느껴지는 이 멋진 할머니에게 나는 금세 빠져든다. 여행길에서 만난 단연 최고의 여행자 실라처럼 잘 익어가고 싶다는 꿈에 젖는다. "도전을 두려워 말아요." 실라의 말이 용기로 다가온다.

셰익스피어 작품을 걷다

셰익스피어 생가에 가는 날, 아침부터 비가 내린다. 일요일, 좀체 오지 않는 버스를 기다리다가 1시간 이상을 걸어 작가의 생가에 도착했다.

튜더(Tudor, 1485~1603) 시대 가옥 앞에 서니 마치 시대를 거슬러 셰익스피어 시대에 와 있는 듯하다. 450년이 지났음에도 불구하고 여전히 사랑받고 있는 셰익스피어의 연극과 시들이 가진 힘과 인간에 대한 깊은 이해는 어디로부터 기인된 것인가? 소년 셰익스피어는 어떤 환경에서 자랐을지 기대되는 시간이다.

소설가 찰스 디킨스는 1847년 당시 주요 인사들과 함께 모금을 통해 경매에 나온 낡은 셰익스피어 집을 구입하여 국가에 기증했다고 한다. 그 후 1860년대에 복원된 작가의 생가는 원래 내부 구조가 그대로 보존된 곳이 많다고 하니 꼼꼼하게 둘러봐야 할 듯하다.

응접실과 가족이 식사를 했던 홀, 아버지가 가죽장갑을 만들어 팔던 작업장 등 16세기 중산층의 생활 모습은 무척 흥미롭다. 이들 중 다수는 셰익스피어의 연극에서 종종 언급되기도 한단다. 16세기 직물과 벽걸이 천, 바퀴 달린 낮은 침대 등 오리지널을 복제한 셰익스피어가 태어난 방을

* 소년 셰익스피어의 방. 셰익스피어는 동생 길버트와 리처드가 아래 침대를 사용했고 여동생들은 위쪽 방에서 잤다고 한다. 이 방에서 형제들과 나눈 즐거운 악마와 요정 이야기는 후에 《말괄량이 길들이기》에 영향을 미친 것으로 보고 있다.

둘러보고 소년 셰익스피어가 사용했다는 침실로 들어섰다.

"베개를 던져버릴 거야. 저기 있는 저 긴 베개를." 마치 《말괄량이 길들이기》 4막 1장에서 페트루치오(말괄량이 카타리나를 유혹하여 길들이는 남자)가 베개를 던지는 모습이 상상되는 방이다. 작가는 다섯 살 때부터 길버트와 리처드 형제와 함께 침대를 사용했는데 아이들은 이 방에서 당시 유행했던 악마와 요정 이야기를 자주 했다고 한다. 이러한 미신적인 이야기들은 작가에게 영향을 미쳤을 것이며 《한여름 밤의 꿈》과 같은 연극에서 초자연적인 인물로 등장시켰으리라.

생가를 나와 《원저의 즐거운 아낙네》에 영향을 미친 문법학교와 큰딸 수재나가 살았던 17세기 저택, 초기 《소네트》에 등장하는 아내 앤 해서웨이의 집을 방문했다. 결혼 당시 셰익스피어는 18세, 앤은 26세였다고 하는데 《십이야》에서 올시노(올리비아를 사랑하는 공작)는 결혼 상대자의 연령에

* 셰익스피어 묘에 새겨진 글이 인상적이다. "사람들이여, 부디 삼가시오. 여기에 메워진 흙을 파내는 것을. 이 묘비를 그대로 두는 자는 복을 받고, 내 뼈를 옮기는 자는 저주를 받으리."

대하여 조언한다. "자네도 자네보다 어린 사람을 얻게. 그렇지 않으면 자네 애정이 오래 지속되지 못할 거야(2막 4장)." 작가 자신의 경험이 바탕이 되었으리라는 것을 짐작할 수 있다.

작가의 생가와 주변 저택들을 걷는 시간은 마치 셰익스피어 작품들을 읽는 기분이었다. 작가가 세례를 받고 영혼이 잠들어 있는 곳, 홀리 트리니티 교회(Holy Trinity church)에 앉아 하루를 정리하자니 셰익스피어 시대를 걸었던 하루가 감동으로 다가온다.

《폭풍의 언덕》처럼 휘몰아친 용기

영국 하워스

공포에서 구한 그녀

스트랫퍼드어폰에이번에서 셰익스피어 생가를 둘러보고 2018년 8월 27일, 하워스(Haworth)로 향했다. 기차를 타고 6시간 만에 늦은 오후 유스 호스텔에 도착했다. 브론테 뮤지엄이 있는 하워스 시내까지 2킬로미터 정도 떨어져 있는 한적한 곳에 자리한 빅토리아 시대 고딕 저택인 호스텔은 외관에서부터 오랜 세월의 흔적이 느껴진다. 6인실 도미토리 룸에 혼자 있으려니 공포가 밀려온다. 다른 룸에도 손님들이 없는 듯 저택은 고요하기만 하다. 문을 여닫을 때마다 삐걱거리는 소리는 에밀리 브론테(Emily Bronte, 1818~1848)의 《폭풍의 언덕》에 등장하는 히스클리프(캐서린에게 집착하는 남자) 저택처럼 왠지 으스스하여 머리카락이 쭈뼛쭈뼛 선다. 영화 〈폭풍의 언덕〉의 폭설과 폭풍이 몰아치는 장면이 떠올라 숨소리조차 낼 수 없다. 아직도 내 심연 속에 잠재해 있는 공포와 두려움은 때때로 이렇게 나를 패닉 상태에 빠져들게 한다.

"Hi!" 늦은 시간까지 세면장으로 이동조차 못하고 웅크리고 있는데 배낭을 멘 아가씨가 씩씩하게 인사하며 들어온다. 로마가 고향인 열아홉 살 올리비아는 스코틀랜드에서 일하고 있는데 휴가를 맞아 여행을 왔다고 했다. 그녀의 수다가 과하다 싶을 만큼 반갑다. 3박을 함께할 그녀는 그렇게 공포에서 나를 구해주고 있었다.

샬럿이 건넨 위로

쌀쌀한 아침이다. 하워스의 바람을 느끼며 브론테 자매의 숨결을 좇아 다닐 예정이다. 지금은 관광 명소가 된 기차역을 지나고 나무다리를 건너 센트럴 공원 언덕길을 걸어 메인 거리로 들어선다. 몇백 년은 되었음직한 검게 그을린 주택들이 즐비해 있는 거리를 걷다보면 브론테 자매의 아버지가 목사관으로 일했던 세인트 마이클(St Michael) 교회가 보인다. 교회 안으로 들어서자 아늑함이 느껴진다. 브론테 가족에 관한 설명과 샬럿 브론테(Charlotte Bronte)의 글이 눈에 들어온다. "인생은 꿈이 아닙니다. 때때로 우울한 구름이 드리워지지만, 이것들은 모두 일시적입니다."

'그래, 나의 우울한 지금도 일시적으로 다가온 구름일 뿐이리라. 언젠가 이 구름이 걷히고 나면 새로운 인생을 꿈꾸며 살고 있겠지.' 샬럿이 나에게 위로를 건넨다.

기도실 입구에 있는 에밀리와 샬럿의 묘 앞에 섰다. 영혼이 교감하는 운명 같은 사랑을 했던 두 여인 제인과 캐서린의 모습을 상상했다. 영화 <제인 에어>(2011, 배우 미아 와시코브스카)와 <폭풍의 언덕>(1993, 배우 줄리엣 비노쉬)의 모습이 자연스럽게 떠오른다. 에밀리와 샬럿이 사랑했던 두 남자는 내게 다가온 남편과의 운명 같았던 만남과 사랑을 떠오르게 한다.

폰 속에 간직한 남편의 사진을 열었다. 미소를 지으며 그가 속삭인다. '자신에게 닥친 불우한 삶을 강한 의지로 헤쳐나간 제인처럼 너도 강하게 잘 견뎌내리라 믿어.' 그가 건넨 무언의 위로가 용기를 준다. '그래, 마음을 좀 더 강하게 다지자!' 브론테 자매에게 메시지를 남기고 그녀들의 하우스로 발길을 옮긴다.

폭풍 같은 삶

세인트 마이클 교회에서 2분 거리만 가면 브론테 하우스가 나온다. 정원 안으로 들어서자 18세기 저택이 단정한 모습으로 자리하고 있다. 1778년 이 지역에서 생산되는 사암으로 건축된 이 집에는 브론테 가족이 쓰던 가구와 소유물들이 그대로 보존되어 있으며 실내 장식도 동시대의 것들이란다.

브론테 자매가 대부분 시간을 보내며 글을 썼다는 식당으로 들어섰다. 샬럿이 유명해진 후 확장된 식당에는 큰 탁자 위에 실제 브론테 자매가 사용한 펜과 잉크, 종이, 편지, 반짇고리 등이 그대로 놓여 있어 마치 방금까지 글을 쓰다가 나간 듯한 느낌이다. 큰 탁자 위에서 샬럿은 《제인 에어》를, 에밀리는 《폭풍의 언덕》을, 앤 브론테는 《아그네스 그레이》를 썼으며 자매들은 매일 밤 11시까지 습관처럼 글을 읽고 토론하기도 했다. 그녀들의 열정적이었던 일상이 폭풍처럼 가슴속으로 들어왔다.

에밀리가 사망했다는 낡은 소파 위에 놓인 강렬한 빨간색 숄이 눈에 띈다. 결핵으로 고통스러워하며 죽어갔을 에밀리의 모습이 상상되어 울컥한다. 그녀의 짧은 삶이 마치 폭풍 같았을 거라는 생각이 든다.

이모가 죽은 후 가정부 역할을 했던 에밀리가 매주 빵을 구우며 독일

* 1778년에 지어진 브론테 하우스와 브론테 자매가 명작을 쓴 식당 안에 있는 큰 탁자다. 에밀리가 사망한 소파 앞에서 울컥했다.

어를 공부했다는 부엌에서 샬럿이 그려낸 도전적이고 지적인 제인 에어를 닮아 있는 그녀를 생각했다. 샬럿이 사용했던 방에 들어서자 신혼여행 당시 착용했던 드레스와 보닛(Bonnet) 등이 눈길을 끈다.

"나는 죽지 않을 거야, 그렇지? 우리를 갈라놓지 않을 거야." 사망 직전 남편 아서 벨에게 속삭였다는 샬럿의 모습을 상상하자니 마지막 직전 "곁에 있어줘서 고맙다"고 했던 남편의 말이 떠올라 가슴이 울렁거린다.

* 샬럿의 남동생 브란웰이 1834년에 그린 브론테 자매 복제품. 원본은 런던을 여행했을 당시 국립 초상화 갤러리에서 볼 수 있었다. 왼쪽 앤, 가운데 에밀리, 오른쪽 샬럿(관람자 시선). 샬럿과 에밀리 사이에 브란웰이 있었으나 지운 자국이 있다. 샬럿의 남편 아서 벨 니콜스가 아일랜드로 가져간 후 수년간 찬장 안에 접힌 채 놓여 있던 탓에 접힌 자국이 선명하다.

짧은 생을 폭풍처럼 살았을 브론테 자매의 숨결이 고스란히 남아 있는 곳에서 나의 심장은 뜨거워졌다가 차가워지기를 여러 번 반복했다.

휘몰아쳐 들어온 용기와 도전

아침에 일어나니 먹구름이 하늘을 덮고 있다. 숙소에서 에밀리의 소설 《폭풍의 언덕》 배경지인 톱 위텐스(Top Withens)까지는 약 9.5킬로미터의 거리다. 잠시 망설여지기도 했지만 '폭풍의 언덕'을 체험해보자고 했던 결심을 포기하고 싶지 않다는 마음이 더 크다. '두렵지 않다!'고 주문을 외며 으스스한 하워스 공동묘지를 지나자 끝이 보이지 않는 벌판이 펼쳐진다. 긴장으로 온몸이 땀으로 젖어 걷기를 1시간 이상, 앞에 커다란 개를 데리고 걷고 있는 남녀가 보인다. 인적이라고는 없는 곳에서 만난 사람들. 너

* 워더링 하이츠까지 함께 걸어준 조이(오른쪽)와 에바, 멋진 개 퍼페. 이들 덕분에 혼자 걷는 벌판에서 느껴야만 했던 공포에서 벗어날 수 있었다.

무 반가워 그들을 향해 달려갔다.

"어디까지 가나요?" "워더링 하이츠(Wuthering Heights, 바람이 쌩쌩하게 부는 높은 곳. 《폭풍의 언덕》에서 히스클리프의 집 이름이다)에 갑니다." "땡큐! 만나게 되어 반가워요!" 런던에서 왔다는 조이와 에바, 멋진 개 퍼페 덕분에 두려움에서 해방되니 아름다운 벌판이 눈에 들어오기 시작한다. 먹구름이 차츰 사라진 벌판은 푸른 초원에서 풀을 뜯는 하얀 양들과 알록달록 들꽃들로 장관이다. 에밀리 브론테의 감성을 뒤흔들었을, 전혀 황량하지 않은 벌판의 매력에 숨이 막힐 지경이다. 그녀들이 종종 휴식을 취했다는 브론테 다리에서 벌써 올라갔다가 내려오는 룸메이트 올리비아를 만났다. 고맙게도 나를 위해 다시 올라가겠다고 하는 그녀와 함께 워더링 하이츠에 당도했다. 해가 얼굴을 내밀었다가 금방 먹구름이 하늘을 덮치고 거센 바람이 몰아치는 곳. 오랜 세월 황야에서 거친 바람에 의해 부서져버린 저택의 흔적은 어둡고 음울하여 자연스럽게 거친 야생마 같은 히스클리프를 떠올리게 했다. 폭풍 같은 사랑과 좌절, 가혹하고 잔인한 복수 앞에서 무너진 캐

* 히스클리프 집 배경이 된 집. 모두 허물어져 흔적만이 남아 있다. 메이플 나무도 《폭풍의 언덕》 영화에 등장하는 나무와 비슷하다.

시와 히스클리프의 캐릭터가 어떻게 만들어졌는지 오감으로 느껴졌다.

벌판에 당당하게 서 있는 메이플(maple, 캐나다에서 많이 볼 수 있는 단풍나무 일종) 나무를 등지고 앉아 나의 용기 있는 도전이 선물해준 아름다운 황야의 세찬 바람을 온몸으로 맞는다. 두려움을 극복한 후 다시 맞게 된 폭풍은 온몸 구석구석 세포 속으로 스며들고 있었다. 나를 극복해냈다는 황홀함은 더 걸어가야 할 길 위에서 또다시 느끼게 되리라.

아동의 권리를 위해 싸운 린드그렌의 따뜻함
스웨덴 스톡홀름, 빔메르뷔

구하라! 얻으리라

영국 하워스에서는 브론테 자매, 호크스헤드(Hawkshead)에서는 일러스트 작가 비어트릭스 포터 하우스를 방문하고 2018년 9월 2일 스코틀랜드 글래스고(Glasgow)에서 런던 히스로 공항으로 이동했다. 12시간 이상 버스를 타고 공항에 도착한 시간은 밤 12시가 훌쩍 지난 시간이다. 공항에서 1박을 해야 하기 때문에 마음을 단단히 챙긴다. 아침 6시 40분에 탑

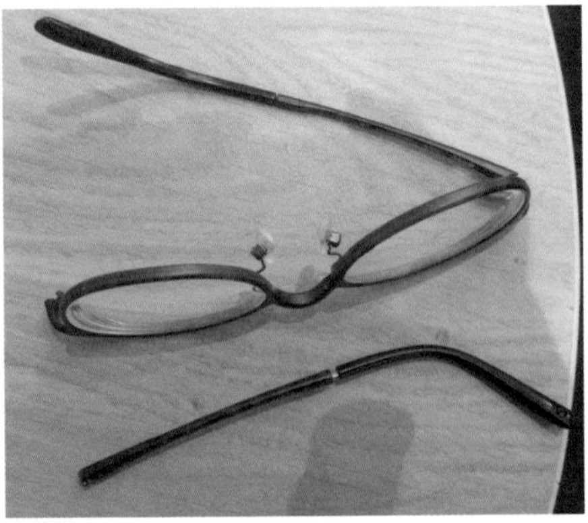

* 부러진 안경을 수리하여 눈을 찾아 준 민나에게 감사 편지와 선물을 남겼다. 민나는 오히려 내게 감사해하며 문 앞까지 나와 배웅해주었다.

＊ 빔메르뷔 관광 안내소 앞 광장에 있는 작가의 기념비

승한 비행기는 오전 10시, 스웨덴 스톡홀름(Stockholm) 알란다(Arlanda) 공항에 도착했다. 따뜻한 날씨가 맞아주는 낯선 나라는 마음의 여유와 새로운 세계에 대한 기대로 가슴을 부풀게 한다.

호스텔에서 여장을 풀고 스톡홀름을 만끽하며 사흘을 보냈다.

"오 마이 갓!"

벗어놓은 안경이 2층 침대에서 떨어져 다리 하나가 부러져버렸다. 안경을 벗으면 아무것도 할 수 없는 나는 도수가 있는 선글라스를 끼고 다섯 군데 안경점들을 찾아다녔지만 모두 거절당했다. 안경점 직원들은 하나같이 스웨덴은 안경 수리라는 것이 없다고 했다. 시력검사를 해서 안경을 맞춰야 하며 시간도 2주 이상 걸린다는 것. 문제는 눈 검사도 일주일 후에나 가능하다는 것이다. 포기할 수 없는 마음에 다른 안경점을 찾아가 간곡하게 도와달라고 했다.

"여행 중이시군요. 제가 도와줄게요."

한참 알에 맞는 테를 찾기 시작한 가게 주인이 테 하나를 들고 마음에

드느냐고 물었다. 수리만 된다면 모양이 무슨 대수랴. 안경을 씌워보고 교정하기를 수차례, 위기에 놓였던 눈을 극적으로 구한 나는 너무 기쁜 나머지 주인 민나 하이토넨을 얼싸안고 "Thank you!"를 연발했다. 포기하지 말고 구하라. 그러면 얻으리라!

새로운 시각에서 본 린드그렌

스톡홀름 바사파르켄(Vasaparken) 공원 앞에 있는 아스트리드 린드그렌(Astrid Lindgren, 1907~2002) 하우스를 찾았다. 출입구 앞에 인포메이션 센터에서 예약한 후 방문하라는 메시지가 붙어 있을 뿐 문이 잠겨 있다.

근처에 북유럽의 대문호로 알려진 극작가 아우구스트 스트린드베리(August Strindberg, 1849~1912) 하우스가 있어 그곳을 먼저 방문한 후 인포메이션 센터로 향했다. 유일하게 남아 있는 9월 18일, 린드그렌 하우스 방문 티켓을 예약해놓고 다음 날 그녀의 생가가 있는 빔메르뷔(Vimmerby)로 가기 위해 새벽을 걸어 센트럴역으로 향했다. 두 번의 기차를 갈아타고 빔메르뷔에 도착한 시간은 오전 10시쯤. 조용하고 한적한 작은 마을이 나를 맞이한 것은 '말괄량이 삐삐'와 '아스트리드 린드그렌'이다. 호스텔이 오후 5시부터 체크인이라 인포메이션 센터에 배낭을 맡기고 시내로 나갔다. 온통 말괄량이 삐삐에 관한 것들로 가득하다. 그랜드 시네마 앞에 〈비커밍 아스트리드〉 영화 포스터가 붙어 있다. 이미지만으로 봐야 되는 영화지만 작가가 태어난 마을에서 그녀에 관한 영화를 보게 되는 행운을 놓칠 수는 없다.

"애들 마음을 어떻게 그렇게 잘 아세요? 어른이 된 지 한참 지났는데도

* 시네마에서 본 〈비커밍 아스트리드〉 영화 포스터. 편견과 맞서 싸우는 독립적이고 자주적인 린드그렌의 모습이 감동적이었다.

요.” 영화는 할머니가 된 린드그렌이 어린 독자들이 보낸 팬레터를 읽는 장면에서부터 시작되었다. 작가로서 성공한 모습이 아닌 편견과 맞서 싸우며 당당하게 세상을 헤쳐나가는 어린 미혼모(18세에 근무하던 출판사 편집장 유부남과의 사이에서 임신을 하게 된다) 린드그렌. 두려움 앞에서도 당당해질 수 있었던 린드그렌의 용기 있고 자립적인 모습이 감동으로 다가왔다.

삐삐처럼 용기를 내야지!

춥고 어두워지는데 호스텔은 여전히 문이 잠겨 있다. 역 대합실 가게로 돌아가 호스텔 주인에게 전화를 걸어달라고 부탁했다. 아저씨는 호스트

* 빔메르뷔에 있는 작가의 생가

와 통화를 한 후 감사하게도 나와 함께 호스텔까지 와주었다.

"혼자 묵게 될 거예요. 괜찮아요?" 오, 마이 갓! 수십 명이 묵을 만한 큰 호스텔에서 호스트조차 없이 혼자 묵어야 한다니……. 생각만으로도 머릿속이 하얘진다. '스웨덴은 물가가 비싼 탓에 3일 숙박비가 1,980크로나(한화 약 257,000원)인데 이 돈을 포기하고 다른 숙소로 옮겨야 되나?' 머릿속이 복잡해진다. '그래, 맞서 보는 거야. 두려움을 극복하기 위해 여행을 시작한 게 아니던가.'

호스트가 돌아간 후 호스텔은 정적 속으로 빠져들었다. 관람객이 많을 거라는 안이한 생각으로 신중하게 알아보지 않은 것이 화근이었다. 창밖은 바람이 불고 비까지 내리고 있다. 공포와 두려움은 오늘밤 잠들지 못하게 할 듯하다. 영화 <말괄량이 삐삐>(1988)에 다시 빠져보기로 한다.

"나는 8~9개 섬 빼고는 전 세계를 다 가봤어." "난 무엇으로부터도 도망쳐본 적이 없단다." 겁 많은 토미와 아니카 곁에서 늘 용기를 준 삐삐(미국 배우 타미 에린)처럼 용기를 내야지. 영화에 빠져 있는 동안 나의 밤은 공포에서 멀어지고 있었다.

따뜻한 펜(Pen)

밤새 몰아치던 비가 다행히 멈추었다. 여유 있게 린드그렌의 생가를 둘러보기 위해 일찍 숙소를 나섰다. 나무들이 우거진 정원으로 들어가면 나무들 사이에 아담한 붉은 집이 평화롭게 앉아 있다. 작가가 태어나 형제들과 뛰어놀던 18세기 집이다. 후에 농장 노동자들의 숙소로 바뀌었으나 1965년 린드그렌이 매입하여 어릴 적 기억을 더듬어 복원된 내부는 110년 전 작가가 살던 때와 거의 똑같은 모습이라고 한다. 지난 30년 동안 성장한 마을은 이전의 집들과 땅을 삼켜버렸지만 작가의 집은 건재했다.

동화에서처럼 집 주변에는 숲과 초원, 호수, 구불구불한 자갈길, 붉은 오두막과 헛간 등 풍부한 자연이 활기차게 숨 쉬고 있었다. 책 속에 등장하는 아이들이 곳곳에서 튀어나올 것 같은 곳, 건초더미가 있는 농장에는 여전히 '삐삐와 토미, 아니카', '사고뭉치 에밀' 등이 뛰어놀고 있었다. 글에 대한 원천이자 영감을 준 곳, 장난과 놀이, 유머를 위해 열려 있는 작가의 집과 정원은 삐삐네 집과 정원을 닮아 있었다.

> "나 지금 나무 안에 있어. 구멍이 땅바닥까지 쭉 뚫려 있거든. 아니카, 여기가 얼마나 멋진지 넌 상상도 못할 거야."
>
> — 아스트리드 린드그렌, 햇살과 나무꾼 역, 《내 이름은 삐삐 롱스타킹》, 시공주니어, 1996, 97~99쪽

* 수백 년이 된 느릅나무 위에 어린 시절 작가는 형제들과 함께 나무 위에서 악기를 연주했다고 한다. 《내 이름은 삐삐 롱스타킹》에서 삐삐가 찾은 은신처로 등장한다.

수백 년이 된 느릅나무(어린 시절에 나무 위에 올라가 악기를 연주했던 린드그렌은 올빼미 나무라고 불렀다) 커다란 구멍에서 삐삐의 말소리가 들리는 듯하다.

악과 억압, 탐욕에 젖어 다 죽어간 자연을 살려낸 《미오 나의 미오》는 작가 자신을 그린 건 아닌지 생각했다. 그녀의 따뜻한 펜은 어린이들에게

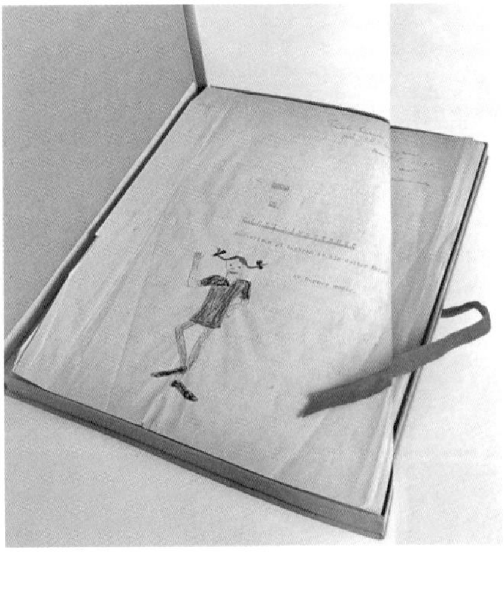

* 《내 이름은 삐삐 롱스타킹》 원작 표지에 작가가 그린 삐삐

자유와 희망, 용기를 주었으며, 그녀의 날카로운 펜과 따뜻한 목소리는 학대받는 전 세계 어린이들을 위해 잘못된 사회를 향해 외쳤으니 말이다.

"누군가 나에게 어린 시절의 기억이 무엇인가 묻는다면, 사람이 아닙니다. 그 시절 나의 나날을 감싸고 강렬하게 채워줬던 것은 자연입니다." 그네를 타고 나무구멍을 들락거리며 작가의 말을 곱씹었던 하루, 그녀의 속삭임을 듣는다. "시련 앞에서 주저앉지 마세요!" 숙소로 돌아오는 길에 린드그렌의 묘 앞에 섰다. 나를 이곳까지 이끈 스승 유은실 작가의 《나의 린드그렌 선생님》 이야기를 하며 오랜 시간 린드그렌의 영혼과 함께했다.

예술에 대한 열정이 깨어나다

린드그렌 하우스를 다시 방문하고 작가의 묘와 도서관 등을 둘러본 빔메르뷔에서 3일은 행복한 일정이었다. 작가에 대한 여운을 간직한 채 9월 17일 스톡홀름으로 돌아와 린드그렌 하우스를 방문했다.

바사스탄(Vasastan)에 위치한 레스토랑 와사호프(Wasahof) 2층에 자리한 린드그렌의 아파트는 작가가 1941년부터 60년을 살았던 곳이다. 오랜 세월이 지났지만 작가의 집은 당시 모습 그대로 보존되고 있었으며 단정하고 깔끔한 모습이 무척이나 인상적이었다. 《내 이름은 삐삐 롱스타킹》부터 수많은 명작뿐 아니라 《뢰네베르가의 에밀》 등 여러 편의 희곡도 썼으며, 편지와 기사, 아동의 권리와 평등, 동물의 권리를 위해 싸웠던 곳이기도 한 집은 작가의 역사가 고스란히 담긴 곳이었다.

전 세계 어린이들로부터 사랑을 받는 아동작가로만 생각했던 린드그렌의 삶은 훨씬 크고 위대했다. 타인의 삶을 존중하고 모든 사람들을 동등하게 대우하며 인권 운동에 열정적이었던 작가의 삶, 새로운 시각으로 다시 보게 된 린드그렌의 모습이다.

아스트리드 린드그렌의 따뜻한 펜(pen)은 사장(死藏)되었던 예술에 대한 나의 열정을 깨우고 있었다. 작가의 생가에서 허락된 짧은 50분, 아쉬움을 안고 1층 와사호프 레스토랑으로 내려왔다. 린드그렌이 자주 들러 식사를 했다는 곳이다. 작가의 사진이 걸려 있는 곳에 자리를 잡고 앉았다. 아스트리드 린드그렌과 함께하는 저녁이었다.

* 1988년 10월 25일 〈뉴욕타임스〉 1면에 실린 기사. 스웨덴 동물학대 금지법 통과를 위해 논쟁을 촉발시켜 그 후 스웨덴 국경을 너머 EU까지 확대되었다.

* 1978년 독일 서점가들로부터 평화상을 수상하면서 비둘기의 상징이 된 작가. '절대 폭력이 있어서는 안 된다'라는 주제로 연설을 했던 작가는 평화를 창조하는 모든 과정이 가정에서 시작된다고 주장했다.

삶이 그대를 속일지라도

러시아 모스크바, 상트페테르부르크

짧은 생애가 남긴 방대한 흔적

모스크바에 온 지 28일 째 되는 2019년 4월 18일부터 19일까지 본격적으로 알렉산드르 푸시킨(Aleksandr Pushkin, 1799~1837)의 숨결을 느끼기 위한 시인의 흔적 찾기를 시작했다. 시 〈삶이 그대를 속일지라도〉로 우리에게 친숙한 푸시킨은 러시아 19세기 문학의 황금기를 연 근대문학의 창시자이자 국민 시인이다.

귀족들이 살았던 아르바트 거리 53번지에 있는 19세기 맨션은 31세의 푸시킨이 16세의 나탈리야 곤차로바와 결혼하여 신혼 3개월을 보낸 곳이다. 1831년 2월 17일, 결혼식 전날 푸시킨은 이 집에서 모스크바 친구들과 총각파티를 열었다고 한다. 그리스도 승천 교회에서 식을 올린 후 신혼 3개월 동안 끊임없이 손님을 초대하여 파티를 열었다고 하니 그들의 생활이 얼마나 화려하고 자유분방했을지 짐작할 수 있었다. 1층 5번 홀과 7번 홀에 '총각파티'를 할 당시 자료들과 곤차로바와의 결혼 관련 문서들을 비롯하여 문학적 자료와 친필 편지, 초상화 등 1810년부터 1830년대까지 시인의 발자취가 그대로 남아 있다.

아르바트 거리에서 약 12킬로미터에 있는 푸시킨 주립 박물관으로 이동을 했다. 주립 박물관은 소련 전 총리 니키타 흐루쇼프(Nikita Khrushchyov) 사유지에 1814년에 지어진 제국식 스타일의 저택이다. 기증을 받아 전시되었다는 어린 시절 초상화부터 4,000여 점의 희귀한 책과 자필 원고, 당시 가구 등 방대한 자료에 놀라지 않을 수 없었다. 한 시대를 풍미했던 천재 시인은 역사와 함께 강하고 또렷하게 러시아인들에게 각인되어 있었다.

38년의 짧았던 푸시킨의 생애가 남긴 방대한 흔적 앞에서 범인(凡人)과 비범인(非凡人)의 삶에는 어떤 차이가 있을까를 생각했다. 우울과 고독으로 점철되어왔던 나의 57년 삶을 새삼 되돌아보게 된다.

무모한 도전

2020년 1월 24일 9개월 만에 상트페테르부르크를 다시 찾게 된 나는 세 달간 머무는 동안 모스크바에 이어 '푸시킨 흔적 찾기'를 해보기로 한다. 2019년 4월 29일 이곳을 방문했을 당시 푸시킨 하우스가 공사를 하고 있어 관람하지 못해 아쉬움이 남아 있던 터였다.

미리 예약하여 방문하게 된 모이카(Moyka)강이 내려다보이는 곳에 자리한 '푸시킨 문학 카페'는 곤차로바를 끊임없이 탐하며 푸시킨을 괴롭혔던 프랑스 장교 조르주 단테스(Georges-Charles de Heeckeren d'Anthès)와 결투를 하러 가기 전에 마지막으로 들른 카페다(푸시킨은 이 결투에서 입은 총상으로 사망했다). 안으로 들어서자 펜을 든 푸시킨 밀랍인형이 마치 살아 있

* 모스크바 푸시킨 하우스와 맞은편에 있는 시인과 곤차로바의 기념비

는 듯 창가에 앉아 있다.

2층 레스토랑으로 올라가자 노신사 알렉산더의 피아노 연주가 감미롭게 흐른다. 1820년대 러시아 시인 니콜라이 야지코프(Nikolay Yazykov)의 시를 노래하는 여성 성악가 아델의 아름답고 감미로운 목소리를 들으면서 '시인이 목숨을 걸 만큼 지키고 싶었던 것이 무엇이었을까?'를 생각했다.

아티스트 미하일 드로구노프가 푸시킨의 생애를 들려준 후 미하일 레르몬토프가 23세 때 푸시킨의 죽음을 애도하며 쓴 시 〈시인의 죽음〉을 낭송했다.

"시인의 마음은 / 사소한 치욕조차 용인할 수 없었으니 / 그는 홀로 / 세상의 입방아에 맞서 죽임을 당하였다!"

시인을 죽음으로 내몬 것은 당시 귀족사회와 권력층에 있다고 노래한 레르몬토프의 용기를 진지하게 낭송하는 아티스트의 연기에 몰입되었다.

푸시킨이 마지막으로 마셨다는 레모네이드(지금은 판매하지 않는다고 했다) 대신 러시아 와인을 마시며 라트비아 민요 〈백만 송이 장미〉 멜로디를 알렉산더의 피아노 연주로 듣는다. 한국 가수 심수봉이 불러서 귀에 익숙한 멜로디라서인지 무척 반갑다.

총 대신 강한 힘을 지닌 펜을 선택했다면 시인의 삶은 달라질 수 있었을까? 목숨을 건 도전이 무모한 용기로 다가오는 것은 천재 시인을 잃었다는 안타까움이리라.

* 상트 푸시킨역에 있는 기념비 앞에서 입맞춤을 하는 연인의 모습이 예쁘다.

사랑과 명예 사이에서

시인의 마지막 결투 장소를 가기 위해 푸시킨 지하철역으로 향했다. 에스컬레이터를 타고 깊은 지하(러시아 지하철은 전시 상황을 고려하여 방호 목적으로 땅 속 깊이 개설했으며 주변에 설치된 전시품들은 마치 박물관과 같다)를 초고속으로 내려가자 푸시킨 동상 앞에서 예쁜 남녀가 입맞춤을 하고 있다.

"너희들 모습이 예뻐서 동영상에 담았는데 괜찮니?" 수줍어하는 알렉세이와 율리아나는 대학생인데 푸시킨 앞에서 입맞춤을 하면 헤어지지 않는다고 하여 많은 연인들이 찾는 곳이라고 했다. 그러고 보니 나이 드신 커플들도 입맞춤하고 지나간다. 참으로 아름다운 모습이다. '남녀 간의 사랑은 동서고금을 막론하고 똑같구나' 하는 생각에 미소가 지어진다. 그들과 왓츠앱(WhatsApp, 전 세계인들에게 열려 있는 앱) 친구를 맺은 후 지하철에 오른다.

* 푸시킨이 단테스와 결투한 장소에는 시인의 시 〈시월〉의 일부가 새겨져 있다.

도착한 검은강역에서 푸시킨 결투 장소까지는 140미터 거리다. 영화 〈푸시킨의 마지막 결투〉에서처럼 눈 쌓인 숲을 상상했던 것과는 다른 변화된 거리, 의자 위에 청동으로 만들어진 책과 갈대 펜, 망토, 모자 등이 시인을 상상하게 했다. 돌에 새겨진 푸시킨의 시가 궁금하여 모스크바 모델 친구 J에게 해석을 부탁했다. 시인이 1825년 미하일롭스코예(Mikhaylovskoy)로 유폐되어 있을 당시 쓴 19연으로 된 시 〈시월〉의 일부로 '명성과 사랑'에 대해 쓴 부분이라고 했다. 당시 푸시킨은 외무성에 근무하면서 전제군주를 증오하는 〈자유〉를 쓴 죄로 1820년 남러시아로 전출되었다가 1824년 망명에 실패한 후 외가가 있는 미하일롭스코예로 유폐

되었다.

지하철을 타고 돌아오는 길 푸시킨이 결투를 하러 가기 위해 마차를 타고 건넜다는 삼위일체 다리 앞에서 내려 몰아치는 세찬 바람이 부는 빗속을 걸었다. '시인이 목숨을 담보로 지키고 싶었던 것은 사랑이었을까, 명예였을까?'

시인의 서재에서 느낀 황홀함

코로나19 확산 사태로 모스크바행 기차표와 숙소를 모두 해약하고 우여곡절 끝에 3월 27일 한국행 비행기를 다시 예약할 수 있었다. 한국으로 떠나기 전에 푸시킨 하우스를 방문하게 된 것은 여행길에 접하게 된 마지막 행운이다. 수시로 문을 닫아 방문 날짜를 잡기가 어려운 상태에 있던 푸시킨 하우스를 3월 19일 드디어 방문하게 되었다. '시인이 살았을 마지막 집을 방문하지 못하고 떠나게 되면 어쩌나?' 하는 아쉬움이 남을 판이었다.

모이카(Moyka) 운하로 12번지. 푸시킨이 단테스와 결투로 치명상을 입고 이틀 동안 생사를 넘나들다가 숨을 거둔 집이다. 노란색 건물의 푸시킨 아파트는 나무로 된 문 뒤 안뜰에 자리하고 있다. 1720년대에 지어진 이 건물은 푸시킨의 친구이자 동료 혁명 동조자였던 볼콘스키(Volkonsky) 공작의 저택이었다. 푸시킨은 아내와 네 자녀를 데리고 1836년 이 집으로 이사를 온 후 몇 개월밖에 살지 못하고 사망했다.

푸시킨의 마지막 곁을 지키며 죽은 후 눈을 감겨주었던 동료 시인 바실리 주콥스키(Vasilii Zhukovskii, 1783~1852)가 남겨놓은 스케치를 참고하여 시인이 죽었던 날의 모습 그대로 재구성된 서재에서 내 마음을 사로잡은 것은 3면을 꽉 채운 4,500여 권의 책이었다.

"잘 있어, 친구들!" 책을 평생 벗으로 생각했던 시인의 마지막 말이 얼마나 멋진가?

누구나 자신이 가장 소중하게 생각하고 아끼는 물건들이 있기 마련이리라. 내게는 단연코 책이다. 책을 읽은 후 책꽂이에 꽂으면서 느끼는 뿌듯한 희열과 행복은 여전하다. 그 행복한 순간을 다시 되짚어보게 했던 푸시킨의 서재는 내 여행의 마지막 축복이었다.

소설가 박경리를 만나다

한국으로 돌아가기 전에 작가 박경리 동상을 보기 위해 상트페테르부르크 국립대학교로 향했다. 대학교는 1724년에 세워진 러시아 최고(最古)의 명문대학으로, 수많은 예술가와 학자들을 배출했으며 현 푸틴 대통령의 모교이기도 하다.

출입증을 발급받아 동양학부 건물을 지나 캠퍼스로 나가자 자그마한 조각공원에 실물 크기의 황금빛 박경리 동상이 눈에 들어온다. 러시아 최고 대학 교정에 우뚝 서 있는 내 조국의 소설가 박경리(1926~2008) 선생님을 보노라니 가슴이 뜨겁다.

"슬픔도 기쁨도 왜 이리 찬란한가!" 슬픔조차 찬란했을 소설가의 강한 정신이 담긴 글귀와 왜소한 체구에서 뿜어져 나오는 경이로움에 압도되는 느낌은 가슴을 울렁거리게 했다.

동양학부는 고종황제 말기인 1897년부터 1917년까지 한국인 통역관

* 상트페테르부르크 대학교 어학당 정원에 세워져 있는 박경리 동상. 가슴이 뜨거웠다.

* 러시아어로 번역된 《토지》 1권

김병옥이 유럽에서 최초로 한국어 강의를 했던 곳으로 120년 동안 한국학을 가르쳐왔다고 한다.

2013년 서울 롯데 호텔 앞에 시인 푸시킨 동상(2020년 3월 28일 한국에 돌아온 나는 이곳을 방문하여 여행 당시의 시인을 회상했다) 건립에 대한 화답 차원으로 박경리 동상 건립이 추진되어 《토지》 1권을 러시아어로 번역하여 3년 동안 소설가에 대한 인지도가 높아지자 2017년 6월 21일 한국어학당 앞에 박경리 동상을 건립한 것이다. 내 조국의 위대한 소설가를 알아보고 존경하는 러시아 사람들이 가깝게 느껴진다. 여행 마지막 일정, 박경리 선생님과 함께한 이 순간을 결코 잊지 못하리라(한국에 돌아온 해 10월, 하동 평사리 박경리 문학관을 방문하여 작가의 동상 앞에서 여행 당시를 회상했다).

음악의 역사를 바꾼 전설의 비틀스를 위하여
영국 리버풀

비틀스를 만끽하자!

2019년 7월 29일 프랑스에서 칼레를 거쳐 런던으로 들어온 나는 옥스퍼드와 코번트리, 버밍엄, 맨체스터를 여행한 후 9월 7일 버스를 타고 1시간 20분 만에 리버풀(Liverpool)에 도착했다. 머지(Mersey)강을 낀 항구도시에서 결성된 비틀스로 인해 종래의 산업 도시에서 관광도시로 거듭난 리버풀은 활기가 넘쳤다.

1961년 2월부터 1963년 8월까지 292회 동안 비틀스(The Beatles, 1960년 결성~1970년 해체)가 공연한 곳으로 유명한 라이브 음악 공연장 캐번 클럽(Cavern Club)에서 2분 거리에 있는 유스호스텔에 숙소를 정하고 아일랜드로 가기 전 3일 동안 오롯이 비틀스를 만끽하기로 한다.

오후에 리버풀에 도착한 나는 숙소에서 영화 〈존 레넌 비긴즈: 노웨어 보이〉와 〈비틀스: 에잇 데이즈 어 위크〉를 다운받아보며 비틀스를 이해하는 시간을 가졌다.

존 레넌(John Lennon, 1940~1980)이 전설적 팝그룹 비틀스의 전신인 '쿼리

멘(Quarrymen)' 밴드를 결성하고 리버풀의 작은 클럽에서 연주를 시작하면서부터 폴 매카트니(Paul McCartney, 1942~), 조지 해리슨(George Harrison, 1943~2001), 링고 스타(Ringo Starr, 1940~)와 함께 치열하게 공연했던 1963년부터 1966년까지의 기록과 전설의 아티스트로 거듭나기까지의 흥미진진한 과정은 비틀스에게 빠져들게 했다. 그들이 한창 인기 있었던 시절 나는 다섯 살도 안 된 어린아이였지만, <예스터데이>(1965), <헤이 주드>(1968), <렛잇비>(1970), <이매진>(1971)을 듣고 자라 그들의 흔적을 찾아갈 내일에 대한 기대로 한껏 부푼다.

전설의 록밴드에 홀릭되다

로열 앨버트(Albert) 선착장 해안가에 자리한 '비틀스 스토리'를 방문하기 위해 숙소를 나섰다. 시티 익스플로러(City Explorer) 앞 광장에 이르자

* 투어를 위해 미국에 도착한 비틀스. 케네디 국제공항에 도착하여 1만 명의 팬들로부터 환영을 받았다. "엘비스 프레슬리가 여섯 살 어린 4명으로 복제되어 영국 억양과 굉장한 유머 감각을 가지고 돌아오면? 정답은 비틀스입니다." 당시 신문에 실린 기사가 흥미롭다.

* 시티 익스플로러 앞 광장에 있는 비틀스 동상이 인상적이다.

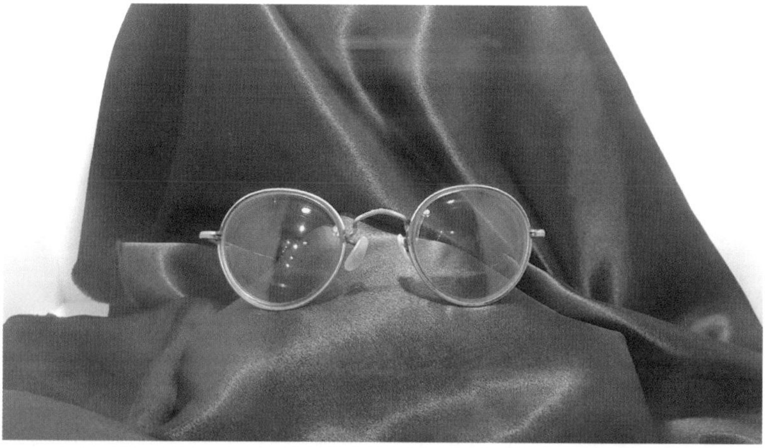

* 전설이 된 노래 〈이매진〉을 작곡할 때 착용했다는 존 레넌의 주황색 안경. 존과 요코가 싸울 때 코 클립 부분이 망가졌는데, 자세히 보면 약간 구부러진 모양을 확인할 수 있다. 존은 미국 가수 버디 홀리(Buddy Holly)와 함께 자신의 안경을 패션으로 선언한 최초의 사람이었다. 안경은 14캐럿 금으로 만들어졌으며 밝고 어두운 환경에 반응하는 렌즈를 사용했다.

비틀스 조각상이 눈에 들어온다. 캐번 클럽에서 기증했다는 비틀스 기념비는 8피트 높이에 1.2톤의 청동 조각상이다. 1964년에 찍은 비틀스의 사진을 참고하여 영국의 조각가 앤드루 에드워드(Andrew Edward)에 의해 제작된 동상은 마치 사람들 속에 자연스럽게 섞여 걸어가는 듯한 모습이어서 광장의 인파 속에서도 매우 잘 어우러졌다.

비틀스 스토리로 이동하여 한국어 오디오 가이드를 대여한 후 비틀스의 삶과 음악, 문화를 들여다보기로 했다. 60년대를 그대로 옮겨다 놓은 듯한 공간에 비틀스 멤버들이 사용한 수많은 악기와 음반, 화려한 의상, 열광적인 공연 장면과 기사 등 처음 음악을 시작하게 된 계기에서부터 성공과 해체까지 비틀스의 역사가 촘촘하게 정리되어 있어 마치 한 편의 영화를 보는 듯한 느낌이었다.

22개 싱글 앨범과 10개의 정규 앨범, 200곡이 넘는 작곡, 4편의 영화,

수십 번의 콘서트, 1965년 8월 15일 역사상 최초로 5만 5천여 석의 미국의 홈구장인 셰이 스타디움을 꽉 채운 공연 등 약 8년이라는 짧은 기간 동안 비틀스가 해낸 기록들을 보며, 주어진 6시간 동안 내 마음은 비틀스에 빠져들었다. "이 나이에 무슨 록 음악?"이라고 할지도 모르겠다. 하지만 노래가 좋으면 장르를 불문하고 좋아할 자유는 누구에게나 주어진 특권 아니겠는가.

황홀한 일탈

한 번쯤 대중 속에서 록 음악에 빠져보고 싶은 마음은 나를 매슈(Mathew) 거리에 있는 캐번 클럽으로 이끌었다.

1950년대부터 역사가 시작된 붉은 벽돌 건물 지하에 자리한 클럽은 1960년대 초 비틀스 공연이 시작되면서 최고의 인기를 얻은 이래 지금까지 매일 오전 11시 30분부터 밤늦게까지 운영되고 있다고 한다. 클럽 안으로 들어가자 화려한 조명을 받은 무대에선 록 음악이 흐르고 동굴 속은 가득 채운 사람들의 열기로 뜨겁다. 벽을 메운 낙서와 캐번 클럽에서 노래를 불렀던 가수들이 남긴 사인, 클럽의 역사에 관한 설명은 마치 박물관을 방불케 한다.

비틀스 공연 당시에는 수많은 소녀들이 며칠 동안 클럽 근처에 자리를 잡고 기다렸다가 출입하곤 했다니 당시 비틀스의 인기가 어느 정도였는지 짐작할 수 있었다. 사람들로 붐볐던 캐번 클럽에는 독특한 다섯 가지 냄새로 가득했는데 소독약, 핫도그, 연기, 땀, 화장실 냄새였다는 에피소드는 지금도 사람들의 입에 오르내리며 당시를 추억하게 하는 듯했다. 어

* 캐번 클럽의 심장이었던 무대의 배경 그림은 네덜란드 화가 몬드리안 그림에서 인용한 것이다. 1957년에 오픈하여 1973년 막을 내리기까지 1,801팀이 공연을 했으며 수많은 유명 밴드가 사인을 남겼다. 비틀스로 인해 20세기 가장 유명한 클럽이 되었다. 여전히 수많은 사람들로 열기가 가득하다.

둡고 악취가 진동했던 당시의 모습은 아니지만 여전히 열정으로 가득한 캐번 클럽의 인기는 현재진행 중이다. 환락(歡樂) 속에 있는 것만으로도 흥겹고 즐거운 시간이었다. 록 음악에 맞춰 신나게 춤을 추며 순간을 만끽하는 사람들의 여유로움이 부러웠다.

“어느 나라에서 왔어요?” 한 여성이 다가와 물었다. 어머니와 함께 왔다는 현지인 마린(Marin)이다. “지안! 우리 함께 즐겨요! 오케이?” 마린이 내 손을 잡더니 스테이지로 이끌었다. 사람들이 우리 두 사람을 에워싸고 함성을 질렀다. 마린의 손을 잡고 록 음악에 빠져든 나의 작은 일탈이 두 번째 시작되는 순간이었다. 미국 멤피스(Memphis)에서 엘비스 프레슬리 하우스를 다녀온 날 나이트클럽에서 춤을 추던 순간을 떠올렸다. 타인의 눈치 따위는 보지 않아도 되는 곳에서 내 영혼은 마음껏 자유를 누린다. 기분 좋은 근육통이 왔다. 황홀경에 빠졌던 작은 일탈이 가져다준 선물이다.

신체적 한계를 이겨내다

프랑스 카르카손

기적의 샘물에 영혼을 씻다

세 번째 방문한 프랑스 파리에서 생활한 지 80일째 되는 2020년 1월 14일, 러시아 상트페테르부르크로 이동하기 전에 루르드(Lourdes)를 거쳐 카르카손(Carcassonne)을 다녀오기로 한다. 야간 버스를 타고 다음 날 아침에 루르드 버스 터미널에 도착했다. 5박을 머물게 될 게스트하우스로 이동하여 체크인을 하고 마사비엘(Massabielle) 동굴이 있는 성모 마리아 수도원으로 향했다. 매년 500만 명의 순례자들이 찾는다는 루르드의 겨울 거리는 지극히 한산하다.

수도원 입구로 들어서자 확 트인 전망이 가슴을 시원하게 한다. 수도원 뒤쪽으로 돌아가자 마사비엘 동굴이 눈에 들어온다. 14세 소녀 베르나데트 수비루 앞에 1858년 2월 11일부터 7월 16일까지 열여덟 번에 걸쳐 성모가 발현했다는 곳이다. 특별할 것이 없는 소박한 바위 위에 서 있는 성모 앞에 서자 가슴이 뭉클하며 감동이 밀려왔다. 날씨가 몹시 차가웠지만 마음이 차분해질 때까지 오랜 시간 묵상을 한다. 특별히 위험한 상황에 처하지 않고 걸어왔던 지난 829일간의 여행이 내겐 기적이었음을 생각했다. 슬픔과 우울함으로 점철되어왔던 내 안의 깊은 상처들이 조금씩 소멸될 수 있었던 것은 세계 여러 나라에서 만난 사람들이 건넨 따뜻한 마음 덕분이리라. 때때로 처하게 된 두려움과 공포 앞에서 당당하게 맞서 싸우며 변화되어왔던 내 모습을 바라보았다. 혼자 걸어온 긴 날들을 돌아볼 수 있는 지극히 소중한 시간이었다.

투명 유리관 안 바위틈에서 청량한 물소리가 들린다. 아홉 번째 성모가 발현했을 때 "샘에 가서 물을 마시고 몸을 씻어라"는 말씀을 들은 베르나데트가 파낸 기적의 샘물이 아직도 메마르지 않고 솟아나고 있다고 한다. 침수처로 향했다. 자원봉사자들의 도움을 받아 차가운 샘물에 영혼과 몸을 담그는 순간, 상처로 얼룩진 내 몸 안의 고통 한 조각이 떨어져 나가는 듯한 체험을 했다.

고통을 시인(是認)함으로써 가능한 사유와 글쓰기

루르드에서 매일 한 차례씩 침수를 하며 지낸 지 5일째 되는 날, 파리 숙소에서 함께 지내는 수안 씨가 왔다. 루르드에서 하룻밤을 보낸 우리는 새벽에 골고다 언덕을 재현한 십자가의 길을 걸으며 묵상을 한 후 기차를 타고 카르카손으로 이동했다. 스승이신 소설가 이승우 교수님이 권유하신 시인 조에 부스케(Joë Bousquet, 1897~1950)의 숨결을 느끼기 위한 방문이었다. 베르됭(Verdun) 거리에 있는 16세기 저택, 조에 부스케 하우스는 시인이 1918년부터 사망할 때까지 머물렀던 저택이다.

1946년에 발표한 에세이 《달몰이》로 한국인들에게 알려진 조에 부스

* 시인 조에 부스케가 30년 이상 떠나지 않았던 침실이자 작업실. 나는 시인의 방 앞에서 인간에게 고통은 삶의 일부임을 생각했다.

케는 19세 때 제1차 세계대전에 자원입대하여 독일인이 발포한 탄환에 척추를 다쳐 하반신 불구가 되어 평생 누워서 글을 쓴 작가다.

당시 모습 그대로 보존되어 있는 시인의 침실을 보며 스무 살에 총탄에 맞아 불구가 된 시인이 자신에게 닥친 고독한 상처와 치열하게 싸우며 살아내야 했을 삶을 상상했다. 30년 이상 자신의 방에서 거의 떠나지 않았다는 시인에게 육체적인 고통보다 더 컸을 고독의 무게를 생각할 수밖에 없었다. 시인은 침대에서 화가와 시인, 철학자들을 만나며 사유와 글쓰기를 통해 자신을 극복하고 세계를 향한 문을 열었으리라. 몸은 불구였으나 문학과 예술 창작에 대한 열정과 생기로 가득 채워졌을 시인의 방 앞에서 남편이 세상을 떠난 지난 7년, 정신적 불구로 살아왔던 내 모습을 돌아본다. 삶이란 고통과 싸우며 살아내는 것임을 망각했던 나는 고통 없는 삶만을 꿈꾸어왔던 어리석은 지난날을 떠올렸다. '내가 있기 때문에

* 침대에서 글을 쓰는 시인. 책과 집필 도구에 둘러싸여 있는 작가의 모습이 인상적이다.

고통이 있는 것이 아니라 고통이 있기 때문에 내가 존재한다'는 사고(思考)를 받아들일 때 비로소 내 삶은 자유로워질 수 있으리라.

시인이 지인들에게 쓴 편지와 자필 원고, 초상화를 보면서 비로소 자신에게 주어진 고통을 시인(是認)함으로써 사유와 글쓰기 작업이 가능하다는 것을 깨닫는다. 시인은 내 안의 고독한 상처를 헤집어 펼쳐보게 함으로써 치유의 힘이 어디로부터 기인되는지를 생각하게 하고 내가 살아내야 할 몫을 받아들이게 했다. 교수님이 내게 이곳을 방문하게 한 이유를 생각해보았다.

내 조국의 작가들을 소개하다

"당신들 어느 나라에서 왔나요?" 우리에게 관심을 보인 직원이 물었다. 프랑스어를 할 줄 아는 수안 씨는 한국에서 조에 부스케의 《달몰이》가 번역되어 읽히고 있다고 설명했다. 직원은 한국이라는 나라를 모를뿐더러 조에 부스케 작품이 읽히고 있다는 것에 더 놀라는 듯했다. 그는 우리에게 프랑스어판 《달몰이》를 선물하며 "한국으로 돌아가면 한국어판

* 황석영 작가의 《해질 무렵》 프랑스어판을 들고 있는 프랑스 어학원 소피(Sophie) 선생님. 파리에서 3달 동안 프랑스어 학원을 다녔다.

《달몰이》를 보내줄 수 있나요?"라고 물었고 우리는 기꺼이 그렇게 하겠다고 했다.

우리는 직원에게 이승우 교수의 소설 《욕조가 놓인 방(La Baignoire)》과 황석영 작가의 《해질 무렵(Au Soleil Couchant)》, 한강 작가의 《채식주의자(La végétarienne)》 등 프랑스에서 번역되어 읽히고 있는 우리나라 작가들과 책을 소개했다. 그는 한국 작가들과 책에 큰 관심을 보이며 자신에게 한국 소설들을 소개해준 것에 대해 고마워했다. 내 나라 작가들을 자랑스럽게 소개하는 동안 가슴이 뻐근한 기쁨이 자리했다.

시인 조에 부스케가 안겨준 특별했던 시간을 가슴 안에 소중히 담고, 어쩌면 시인이 상상 속에서 걸었을지도 모를 중세 시대 요새를 걷기 위해 시인의 집을 나섰다.

5장

현재 그리고 미래

여행을 통해 전환점을 맞다

독일 바이마르, 프랑크푸르트암마인, 뒤셀도르프

진정한 용기만이 얻을 수 있는 자유

라이프치히에서 10일을 보낸 후 2019년 6월 29일 바이마르(Weimar)로 이동했다. 요한 볼프강 폰 괴테(Johann Wolfgang von Goethe, 1749~1832)를 중심으로 한 독일 문학이 번성해온 바이마르는 음악의 중심지인 라이프치히와는 사뭇 다른 조용하고 차분한 분위기다.

"혼자 여행할 수 있는 당신의 삶이 부러워요."

숙소를 구하지 못해 같은 방에 묵게 된 중국인 유학생 리단은 나를 부러워하며 가까운 곳에 괴테와 요한 크리스토프 프리드리히 실러의 동상이 있는 광장에 함께 가자고 한다.

국립 극장 앞 괴테와 실러 동상(1794년부터 두 사람의 우정이 시작되었다)이 있는 광장에 어둠이 서서히 내려앉자 자유로운 영혼들이 짝을 이루어 춤을 추기 시작한다. 베를린에서도 느꼈던 독일인들의 자유로움은 어디에서부터 기인한 것인가?

나치 대학살이라는 끔찍한 범죄를 자행한 나라이지만 폴란드 아우슈

비츠 수용소 같은 현장에 가보지 않고서는 상상이 되지 않는 것이 지금 독일의 모습이다. 이들이 지금 누리고 있는 자유는 진정한 사죄와 반성에서 비롯된 것이리라. 내 안에 죄가 존재하는 한 내게서 나오는 행동은 결코 자유로울 수 없다. 독일 전 총리 빌리 브란트(Willy Brandt)의 진정 어린 사죄가 독일 사람들에게 자유를 찾아주었다는 생각을 한다. 진정한 용기로 가능케 한 사죄, 그들의 자유가 값진 이유일 것이다. 독일인들의 자유로운 모습 속에서 리단과 나의 자유도 밤늦도록 함께한다.

정체성을 찾아서

프라우엔플란(Frauenplan) 거리에 있는 괴테 하우스를 찾았다. 독일 문학 거장의 숨결을 만난다는 설렘은 학창 시절 《젊은 베르테르의 슬픔》에 열광했던 때를 소환하기에 이른다. 괴테는 바이마르 공국의 재상으로 부임하면서부터 바로크식 3층 저택에서 50년을 살았다고 한다. 클래식한 느낌의 계단을 오르면서부터 시작되는 회화와 조각 등은 마치 이탈리아 미술관에 온 듯하다. 절친이었던 스위스의 화가 요한 하인리히 마이어(Johann Heinrich Meyer)가 그린 천장화를 비롯하여 이탈리아 여행에서 만난 많은 예술 작품은 복사본과 석고 모형으로 괴테의 저택을 화려하게 장식하고 있었다.

"이탈리아 여행은 나를 더 높은 성찰의 세계로 이끌었다."

재상으로 10년을 일한 괴테는 문학예술 세계에서 멀어지는 자괴감에 빠져 있을 때 이탈리아 여행을 감행한 후 본격적인 고전주의 문학을 시작했다. 작가는 이탈리아에서 인류가 만들어놓은 걸작들을 봄으로써 새로

* 바이마르 프라우엔플란 거리에 있는 괴테 하우스
* 정원에서 식물을 관찰하면서 시에 대한 영감을 얻었던 괴테는 아내 크리스티아네 불피우스와 함께 정원을 산책하며 쉬는 것을 좋아했다고 한다.

운 문학 세계에 진입할 수 있었다고 말한다. 자기의 정체성을 찾아 떠난 이탈리아 여행에서 인생의 전환점을 맞는 계기가 된 것이다.

괴테가 머물던 방 가까운 곳에는 5,000여 권의 책을 보유한 도서관과 스터디 룸, 비서가 머물던 방이 있다. 작가는 아침 시간을 이용하여 《파우스트》를 완성했다. 근면 성실함과 열정, 역동적인 삶 앞에서 숙연해지는 순간이었다.

* 작가의 서재는 이 집에서 가장 중요한 방이었다. 괴테가 남긴 글을 보면 녹색이 눈에 가장 만족감을 준다고 생각하여 대부분의 시간을 보낸 서재 벽지를 녹색으로 장식했다고 했다. 괴테는 이 서재에서 평생을 썼던 《파우스트》 등 후기 작품들을 완성했다.

지금 이 여행이 내 인생의 전환점을 맞게 해줄까? 나의 정체성을 제대로 찾아가는 여행을 하고 있는지 다시 점검해보았다. 스터디 룸 바로 옆에 작가가 사망한 방이 있다. 이탈리아 예술품들로 장식된 방들과는 확연하게 비교될 정도로 소탈한 침대와 때가 낀 의자만이 놓여 있는 작은 방 앞에서, 대문호가 마지막 숨을 거둔 순간을 떠올리며 나의 삶을 되돌아보게 된 것은 자연스러운 일이리라. 자신의 삶에서 예술을 최고의 가치에 두었을 노년의 괴테. 작가가 숨을 거둔 작은 의자에 내 노년의 모습을 오버랩시켜본다.

사랑의 노래

바람이 선선하게 부는 최상의 날, 일름 공원을 산책하며 16세기에 지어진 괴테의 가든 하우스에 왔다. 괴테가 1776년에 바이마르에서 처음 도착했을 때 공작으로부터 선물 받은 이곳은 노년의 괴테에게 중요한 은신처가 되었다고 한다.

가구들이 전체적으로 수수하고 단순하다. 서재에는 작가가 직접 그린

* 가든 하우스 정원과 작가가 가장 좋아했다는 곳에는 돌에 샤를로테 폰 슈타인을 향한 사랑의 노래가 새겨져 있다.

그림들이 벽을 장식하고 약 18,000종류의 곤충을 채집한 과학 연구용 자료들이 들어 있는 캐비닛도 눈길을 끈다. 식물, 광물, 지질, 곤충, 동물학 등에도 심혈을 기울여 시와 과학을 접목한 작가의 문학 세계에 놀라움을 금치 못한다.

작가는 이곳에서 시 〈마왕〉(프란츠 슈베르트는 1815년, 이 시를 가곡으로 만들어 연주했다)을 썼다. 침실 책상 위에 친필로 쓴 시 〈달에게〉와 〈나의 달빛〉을 보면 작가가 달에 매료되었음을 알 수 있다.

오두막을 나와 숲으로 이루어져 있는 아름다운 정원을 걸으면서 마음이 안정되고 있는 나를 발견한다. 나무 그늘 아래 글이 새겨진 큰 돌이 눈에 띈다. 내용이 궁금하여 번역기를 이용하여 애써보지만 글자가 마모되어 해독이 어렵다.

"돌에 새겨진 내용을 읽어줄 수 있나요?"

독일인 두 할머니에게 부탁하자 괴테가 사랑하던 여인 샤를로테 폰 슈타인(Charlotte von Stein)을 위해 쓴 사랑의 노래라고 한다. 나는 그 곁에 남편의 숨결 한 움큼 내려놓고 벤치에 앉았다. 남편의 잔잔한 미소가 마음을 오랫동안 감싸고 있음을 느낀다.

삶의 가치를 어디에 둘 것인가

5일간의 바이마르 여행을 마치고 괴테가 태어난 프랑크푸르트(Frankfurt)로 향했다. 12세기에 세워져 제2차 세계대전으로 파괴된 후 재정비된 프랑크푸르트는 다른 도시에서 느꼈던 좋은 인상과는 상반된 곳이었다. 중앙역에서 350미터 거리에 있는 호스텔을 찾아가는 길, 유색인종

* 괴테가 태어난 방. 프랑크푸르트 지역 소식지에 1749년 8월 29일 괴테가 세례를 받았다는 내용이 실려 있다. 그 아래 괴테가 메모한 자신의 생년월일 '8월 28일, 시계가 정오를 칠 때'라고 적혀 있다. 노년의 괴테 초상화는 《시와 진실》을 쓰면서 프랑크푸르트 시절을 회상하던 모습이며 아폴로와 시인의 상징인 칠현금과 별은 괴테의 영결식 때 그의 머리 위에 장식했던 3개의 별 중 하나라고 한다.
* 가족이 모여 악기를 연주했던 음악실. 피라미드형 피아노가 이색적이다.

들이 길거리에 부랑자처럼 질펀하게 앉아서 왁자지껄하다. 도시가 안긴 첫인상에 내심 불안감이 엄습해왔지만 호스텔로 들어서자 내부가 깨끗하고 시설이 잘 되어 있어 반전에 놀란다.

체크인을 하고 '큰 사슴 구덩이(Großer Hirschgraben)' 거리에 있는 괴테가 태어난 생가로 향했다. 18세기 중산층의 저택 정문에 3개의 칠현금이 그려진 괴테가의 문장(紋章)이 있다. 아버지가 사망한 후 어머니는 이 집을 팔고 이사하여 문화재단이 괴테 생가를 사들여 복원했으나 제2차 세계대전으로 파괴되어 뼈대만 남았었다고 한다. 가구, 집기 등은 폭파 전에 미리 대피시켜 그대로 보존되었으며 옛 도면에 따라 본래의 모습으로 재건된 것이라니 대문호의 소중한 유산을 지키려는 독일의 노력은 대단하다.

작가 가족이 사용했던 가구들과 사진들은 괴테의 어린 시절과 청년 시절을 상상하게 한다. 괴테는 식당에 있는 둥근 식탁에 앉아 희곡 《괴츠 폰 베를리힝겐(Götz von Berlichingen)》을 썼다고 한다.

2층 음악실에 있는 피라미드형 그랜드 피아노가 눈길을 끈다. 괴테 가족은 자주 음악을 연주했는데 아버지는 만돌린, 괴테는 첼로, 누이 코넬리아는 피아노를 연주했으며 어머니는 노래를 불렀다. 때로는 유명 음악인들을 초청하여 연주회도 열었다니 괴테의 풍부한 문학적 감수성은 어린 시절부터 형성된 것이리라. 가족의 연주하는 모습을 상상하는 것만으로도 가슴 안에 행복이 들어앉는다.

3층에 있는 서재에는 괴테의 아버지가 모은 다양한 학문 분야를 망라하는 2,000여 권의 장서가 있는데 어린 괴테는 이러한 환경에서 자연스럽게 문학에 접근하게 되었으리라. 《젊은 베르테르의 슬픔》에 등장하는 로테의 모델, 샤를로테 부프(Charlotte Buff)의 실루엣과 괴테가 직접 그린 스케치들로 장식된 4층 스터디 룸에서 괴테는 《파우스트》 초고와 초기 작품들을 집필했다고 한다. 풍족한 삶과 다양한 문화 혜택, 성장 과정이 한 사람의 삶에 얼마나 큰 영향을 미쳤을지에 대해 생각하게 된다.

삶의 가치를 예술에 두고 평생을 성실함과 근면함으로 역동적인 삶을 살았던 괴테는 내게 물었다.

'인생의 후반부에 삶의 가치를 어디에 둘 것인가?'

해맑은 미소로 창작 활동을 했던 모드 루이스
캐나다 핼리팩스

눈이 부시도록 푸르른 날

샬럿타운에서 멍크턴(Moncton)으로 이동하여 2박을 머물고 2018년 6월 21일 핼리팩스로 다시 돌아왔다. 버스 터미널에서 약 30분을 걸어 도착한 중국인 릴리의 집은 으리으리하다. 집안일을 돕는 인도인 부부를 두고 세인트 메리스 대학 학생들을 대상으로 홈스테이를 하고 있는 릴리는 말로만 듣던 캐나다로 이민 온 중국인 부자인 듯했다. 며칠 전부터 눈이 견디기 힘들 정도로 아픈 탓에 릴리 집에서 3일 동안 머물며 휴식을 취했다. 눈이 편해진 후 3킬로미터 거리에 있는 헤더의 집으로 이동했다. 릴리는 집 앞까지 태워다주며 즐거운 여행을 기원해주었다.

헤더의 집 안으로 들어서자 실내가 예사롭지 않다. 각종 전자 기타며 우크렐레, 피아노, 드럼, 오보에, 하프 등 악기들이 즐비하다. "우린 오늘 밤 퍼포먼스를 할 거예요. 지안! 당신도 함께해요!" 뮤지션이자 그림을 그린다며 자신을 소개한 55세의 헤더는 매주 월요일 여행객들이 모여 퍼포먼스를 한다고 설명했다. 내가 꿈꾸는 멋진 여성을 만나게 된 행운에 마음이 들떴다.

저녁 8시가 되자 여행객들이 몰려들었다. 무드 조명이 켜지고 퍼포먼스가 시작되었다. 하프를 연주하는 인도 남자, 오보에를 연주하는 핼리팩스 남자, 피아노 치는 영국 남자와 노래하는 이탈리아 아가씨, 기타 치며 노래하는 영국 아가씨, 스케치하는 프랑스 아가씨 등 열린 장소에 모인 세계 각국의 아티스트들의 자유로운 영혼 속에서 마법같이 내 영혼도 자유로워진다.

"저는 한국에서 온 지안이라고 해요. 〈Love〉를 부를 거예요." 사람들 앞에서 기타를 치며 노래를 부르는 나는 어느새 조금씩 변해오고 있었음을 느낀다. 상실로 인해 놓아버렸던 것들이 조금씩 다시 내 삶속으로 들어오면 눈이 부시도록 푸르른 나의 노년의 삶을 기대해도 좋으리라.

예쁜 할머니 되기

노바스코샤 아트 갤러리(Art Gallery of Nova Scotia)를 방문했다. 2016년 한국에서 개봉되었던, 모드 루이스(배우 샐리 호킨스)의 삶을 그린 영화 〈내 사랑〉을 본 후 마음속에 담고 있던 터에 이곳에 화가가 실제 거주했던 집이 있다는 정보를 접하고 찾은 것이다. 따로 마련된 모드 루이스(Maud lewis, 1903~1970) 갤러리에는 귀엽고 따뜻한 그림들 속에 아주 작고 예쁜 집 한 채가 있다. 화가가 그림을 그려 장식한 작은 집은 마치 아이들이 소꿉놀이하는 집처럼 아기자기하다.

루이스 부부는 핼리팩스에서 235킬로미터 거리 마셜타운(Marshalltown)에 있는 작은 집에서 30년 넘게 함께 살았다고 한다. 모드와 남편 에버렛

* 모드 루이스의 집 외부
* 그림을 그리고 있는 모드 루이스

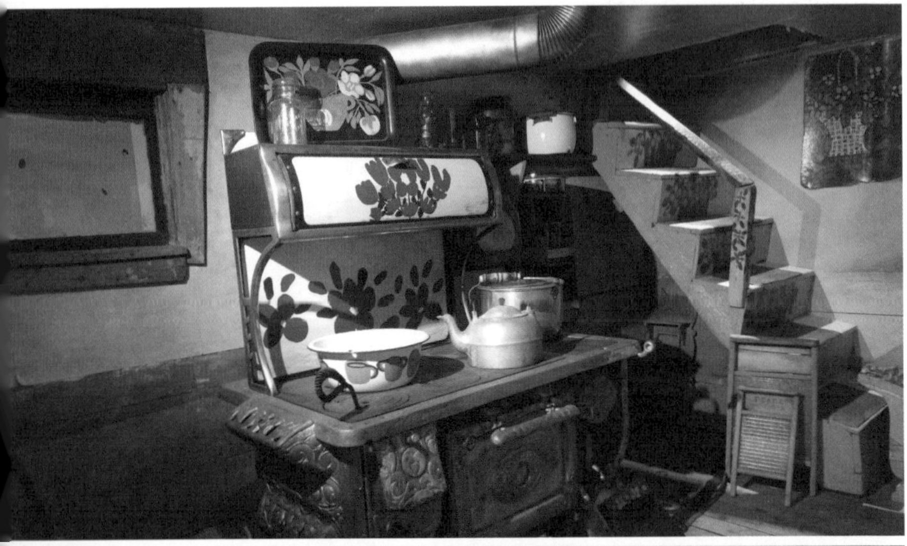

* 모드 루이스의 그림이 집약된 듯한 작고 아담한 집은 외벽뿐만 아니라 실내의 모든 것들에 그림이 그려져 있다. 난로, 창문, 양면의 문, 펜, 빵 상자, 쟁반, 쿠키 통, 빗자루, 쓰레받기, 계단 등이 멋지게 어우러져 나를 환상 속으로 이끌었다.

이 사망한 후 집이 망가지기 시작하자 시민 단체와 캐나다 문화유산 연방 정부의 지원으로 옮겨진 후 복구되어 갤러리에 전시되고 있는 것이다. 화가가 살았던 마셜타운 모드 루이스 기념 공원과 모드와 에버렛의 실제 집이 있던 자리에도 똑같은 집을 복제하여 갤러리로 운영되고 있다고 한다.

청소년 시절부터 앓게 된 류머티즘 관절염으로 인한, 덜 발달된 턱과 성장이 멈춰버린 키는 모드의 몸집을 어린아이로 만들었으리라. 심하게 굽은 손으로 붓을 들고 그림을 그리는 모드의 행복한 모습은 너무도 강렬하게 내 안으로 들어와 박혔다.

류머티즘 관절염이 심해지기 전까지 피아노를 치며 가족들을 즐겁게 했으며 어머니와 함께 크리스마스카드를 그려서 친구들과 이웃에게 팔았다는 모드는 일찍이 예술가로서의 경력을 쌓았던 듯하다.

외부와 단절되었던 이 작은 집은 모드의 예술을 통해 즐거움으로 가득했음을 짐작할 수 있었다. 길가에 세워둔 표지판 '화보 판매'를 보고 발길을 멈춘 사람들은 극심한 장애를 가지고도 해맑은 미소로 창작 행위를 하는 모드에게 감동을 받았으리라. 당연히 모드의 그림 속에는 화가의 성

* 귀여운 고양이가 그려진 쓰레받기. 모드 루이스가 가장 좋아하는 주제는 고양이와 꽃이다.

품과 삶이 그대로 녹아 있었다.

집안 살림 곳곳에 행복을 그려놓은 화가의 집은 환상적이었다. 모드는 자신이 처한 상황을 그림을 그릴 수 있는 행복한 상황으로 받아들였던 듯하다. 모드 루이스의 따뜻한 눈빛이 말하고 있었다.

'예쁜 할머니가 되고 싶니? 닫아둔 마음의 문을 열고 네 안에 다시 그림을 그리는 거야. 행복은 예쁜 집으로 찾아들기 마련이니까.'

예기치 못한 죽음 앞에서

모드 루이스의 집을 관람한 후 1912년 4월 14일 빙산과 충돌하여 침몰한 타이타닉호의 잔해들이 전시되어 있는 해양박물관으로 향했다. 사고 지점과 가까웠던 핼리팩스에 침몰 당시 잔해물이 전시된 이유다.

타이타닉의 웅장한 계단 사진, 아름다운 조각이 된 마호가니 캐비닛, 화이트 일급 식기류, 이름 모를 어린아이의 가죽 신발 등 타이타닉호 침몰 당시 인양된 잔해들이 화려함과 끔찍했던 상황을 동시에 설명하고 있었다. 방금 전까지 보았던 모드 루이스의 작지만 소소한 행복이 가득했던 집과 크고 화려했지만 비극을 맞은 타이타닉호 사이에서 간극(間隙)을 느낀다.

페어뷰 론(Fairview Lawn) 묘지로 향했다. 영화 <타이타닉>의 주인공(배우 레오나르도 디카프리오) 잭 도슨(Jack Dawson) 등 희생자들의 시신 121구가 묻혀 있는 곳이다.

"예기치 못한 사고로 죽음을 맞이한 사람들에 비하면 죽음을 준비할 수 있는 시간이 주어진 나는 행복한 사람이야." 죽음조차 준비할 수 있는

* 타이타닉 침몰 당시 인양된 어린아이 신발. 예기치 못한 희생자들의 넋 앞에서 아이러니하게도 준비한 후 떠나게 된 남편의 죽음을 감사해야 했다.

시간이 주어졌음에 감사하며 나를 위로하던 남편의 말이 떠올라 눈물이 쏟아진다. 죽음을 준비하지 못한 저 많은 희생자들 앞에서 남편의 죽음을 감사해야 하는 아이러니한 상황. 내게 닥친 상실을 긍정적으로 받아들이게 했던 남편의 배려가 가슴 뜨겁게 다가왔다.

아기자기한 캐릭터 작품들로 마음이 따뜻해지는 곳
영국 글로스터, 호크스헤드

반짝이는 영감(靈感)

영국의 소도시 배스에서 제인 오스틴의 흔적을 찾아 이틀을 머문 후 2018년 8월 23일 기차를 타고 약 1시간 30분 만에 글로스터(Gloucester)에 도착했다. 호스텔 체크인을 한 후 《피터 래빗》(1902) 일러스트와 동화로 우리에게 친숙한 비어트릭스 포터(Beatrix Potter, 1866~1943)의 '글로스터 재단사의 집(The House Of The Tailor Of Gloucester)'을 방문했다. 작가가 탄생시킨 아기자기한 캐릭터가 들어간 작품들로 가득해, 보기만 해도 마음이 따뜻해지는 곳이었다. 직원에게 이곳이 비어트릭스 포터의 집인지 묻자, 작가의 집은 호크스헤드에 있으며 여기는 박물관이라고 했다.

"《글로스터의 재단사》를 읽어봤나요?" 직원은 웃으며 글로스터 지역 재단사에 관한 흥미로운 이야기가 적힌 종이를 건네줬다. 적혀있는 내용은 이러했다.

한 재단사가 조끼를 만들 옷감을 재단해두고 문을 잠근 후 퇴근했는데, 다음 날 아침 밤새 누군가 조끼를 꿰매놓은 것이다. 그러자 그 재단사

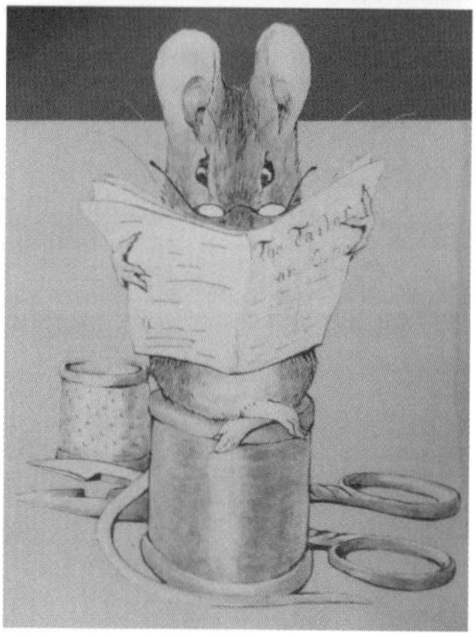

* '글로스터 재단사의 집'과 책 《글로스터 재단사》 표지에
그려진 삽화

는 자신의 작품이 '밤에 요정들에 의해 만들어진 것이다'라고 광고했고, 사촌으로부터 이 이야기를 들은 작가는 영감(靈感)을 받아 《글로스터 재단사》(1903)를 썼으며 이곳은 그 이야기의 배경이 된 곳이라는 것이다.

생쥐 캐릭터들이 바느질하는 모습을 그대로 재현해놓은 아담한 박물관을 둘러보는 내내 마치 책을 읽고 영화를 보는 것처럼 흥미진진한 상상 속으로 빠져들었다.

타인의 얘기를 귀담아듣고 그 이야기 속에서 반짝이는 영감을 얻어 독특한 이야기를 창조해낸 작가의 열정은 내 마음을 호크스헤드 힐 톱(Hill Top)으로 달려가게 하고 있었다.

실수가 준 깨달음

8월 27일, 하워스 브론테 뮤지엄에서 브론테 자매들의 흔적을 만난 나는 2018년 8월 30일, 비어트릭스 포터 하우스가 있는 호크스헤드로 가기 위해 하워스 카일리(Keighley)역에서 두 번의 기차를 갈아타고 글레스고(Glasgow)역으로 이동했다. '호크스헤드로 가는 기차를 탔는데 20분 만에 도착?' 목적지까지 약 240킬로미터를 더 가야 하는데 20분 만에 도착했다니 뭔가 잘못된 느낌이다. 옆에 있는 젊은 친구에게 물었다. "여기가 호크스헤드인가요?" "노! 여기는, 호크헤드(Hawkhead)예요."

오 마이 갓! 호크스헤드로 가는 기차를 타야 하는데 실수로 호크헤드로 가는 기차를 탄 것이다. 'S' 철자 하나가 전혀 다른 곳으로 나를 이끌었다. 다시 글레스고역으로 되돌아갔을 때는 이미 날이 어두워졌는데 호크스헤드까지는 약 3시간 30분은 가야 한다. 밤이라 잠시 망설여지기도 했지만 다행히 저녁 7시 8분 기차가 있다니 움직이기로 했다.

티켓을 새로 구매해 두 번의 기차를 갈아타고 윈드미어(Windermere)역에 도착했을 때는 밤 10시 40분이었다. 이미 버스는 끊기고 없으니 난감했다. 택시를 탈 수밖에 없는 상황이지만 밤에 낯선 곳에서 택시를 타려면 큰 용기가 필요했다. '그래, 부딪혀 보는 거야.'

호스텔까지 30파운드(한화 약 45,000원)를 부르는 기사와 흥정한 끝에 20파운드(한화 약 30,000원)에 택시를 탔다. 헝가리 부다페스트가 고향이라는 택시 기사는 내가 긴장한 것처럼 보였는지 자꾸 말을 건다. 기사의 친절에 방심하면 안 된다는 생각에 긴장감으로 온몸이 굳는 듯했다.

약 30분(약 16킬로미터)을 달려 유스호스텔(YHA)에 도착한 시간은 밤 12시가 다 된 시간이었다. 두려운 시간이 무사히 지나갔다는 안도감이 찾아오자 그때서야 두렵고 긴장되어 길게 느껴졌던 하루가 주마등처럼 지나갔다. '여행 중에는 밤에 움직이지 말자'라는 나름의 철칙을 세워놨는데, 신중하지 못했던 작은 실수 하나가 오늘과 같은 상황을 만들었다는 생각에 자책이 되었다. 뜻하지 않게 잃어버린 시간과 돈을 생각하자니 속이 쓰렸지만 '대신 돈 주고도 살 수 없는 값진 깨달음을 얻었으니 괜찮다'라고 위로를 건넨다. 아직 가야 할 더 많은 길을 위해 오늘의 실수를 교훈으로 삼아야지!

감정에 이입되다

전날의 긴장감이 풀리지 않았는지 온몸이 찌뿌둥했지만 무사히 살아낸 하루에 감사한 마음으로 숙소를 나섰다. 호스텔 앞에서 베이트릭스 포터 하우스가 있는 니어 소리(Near Sawrey) 마을 힐 톱까지는 3.2킬로미터의 거리다. "아름답다!"라는 감탄사가 절로 나오는 에스웨이트(Esthwaite) 호수와 주변의 황홀한 경관에 마음을 빼앗긴 채 길을 걷는다.

니어 소리 마을로 들어서자 마치 작가의 동화 속 마을처럼 평화롭고 아기자기한 풍경이 마음을 사로잡는다. 작가가 종종 들러 식사를 했다는 레스토랑에서 간단히 아침 겸 점심을 먹고 비어트릭스 포터가 '피터 래빗'

* 호크스헤드 니어 소리 마을에 있는 작가의 집 '힐 톱'으로 가는 길은 너무나 평화롭고 아름다웠다.

시리즈를 탄생시킨 생활공간이자 작업공간이 되었던 힐 톱을 방문했다. '아는 만큼 보인다!' 호수 지구(Lake District) 마을과 힐 톱에 대한 설명 책자를 구매한 후 정보를 미리 익히기로 한다.

작가가 16세에 가족 휴가로 처음 방문한 호수 지구는 동물 캐릭터들을 주인공으로 한 책을 쓰는 데 영감을 준 곳으로 알려져 있다. 작가는 약혼자 노먼(Norman)의 죽음 이후 이곳에 주택과 농장들을 사들였는데, '개발하지 않는다'라는 조건을 내걸고 내셔널트러스트(시민들의 자발적인 모금이나 기부, 증여를 통해 보존가치가 있는 자연자원이나 문화유산을 사들이고, 그것을 시민의 주도로 영구 보존·관리하는 시민환경운동으로 1895년 설립되었다. 정식 이름은 National Trust for Places of Historic Interest or Natural Beauty)에 마을 전체를 기부했다고 한다.

영화 <미스 포터>(2006)에서 개발로 훼손될 위기에 처한 농장들을 지켜내던 비어트릭스(배우 러네이 젤위거)의 당당한 모습이 다시금 감동으로 다가왔다. 만남을 운명과 기적이라 믿었던 약혼자의 죽음을 받아들이기 쉽지 않았던 작가가 힐 톱에서 생활하면서 상실의 고통을 이겨내기 위해 노력하는 모습은 동병상련을 느끼게 했다. 상실의 슬픔을 슬기롭게 이겨낸 작가의 영혼 앞에서 나의 미래를 생각할 수 있게 된 지금 이 순간이 기적처럼 느껴진다.

자연에서 위로받다

17세기 농가 주택인 힐 톱에는 집 꾸미는 것을 좋아했던 작가가 소중하게 여겼던 물건들이 그대로 보존되어 있었다. 후손들을 위해 자신이 매

* 책 《조니 타운의 생쥐 이야기》 23쪽 삽화의 모델이 된 부엌 찬장, 책 《파이와 파이 틀 이야기》 38쪽 삽화의 모델이 된 둥근 탁자

입한 땅과 함께 보존되기를 바라며 낡은 농가를 아름답게 꾸미는 일을 즐겁게 했다는 작가의 따뜻한 마음이 느껴졌다.

《제미마 퍼들덕 이야기》(1908)의 집 앞 정원과 《파이와 파이 틀 이야기》(1905)의 19세기 응접실에 있는 둥근 탁자, 《사무엘 위스커스 이야기》(1908)의 카펫, 《도시 쥐 조니 이야기》(1918)의 부엌 찬장 등 입구에서부터 '피터 래빗' 시리즈의 스토리들로 가득한 집은 마치 작가가 글을 쓰고 삽화를 그린 여러 편의 동화 속으로 여행을 떠나온 듯 캐릭터들이 군데군데 살아 있었다. 자연을 아끼고 사랑했던 작가는 힐 톱의 목가적인 환경에서 자신이 만들어낸 캐릭터들과 함께 풍부하고 안정된 삶 속에서 위로를 받으며 상실에 대한 고통을 잊게 되었으리라. 작가의 상상력을 다시 살아나게 하여 캐릭터를 창조해냈던 곳은 바로 이곳 푸른 초원과 힐 톱이었음을 생각했다.

"사랑을 나누는 것은 사랑을 잃는 것이 아니란다. 사랑은 무한한 것이니까." 나는 작가의 책상 위에 놓인 《피터 래빗》(1893) 원본(일부) 앞에서 영화 <피터 래빗>(2018)에서 피터의 부모님이 했던 대사를 떠올리며 작가가 우리에게 전달하고자 했던 따뜻한 마음을 가슴 안에 담았다.

자신의 글쓰기에 영감을 주었던 자연을 보존하고자 했던 작가는 책을 써서 번 돈의 상당 부분을 부동산과 농지를 사는 데 투자해서 개발되는 것을 막았다고 한다. 47세에 변호사 출신 윌리엄 힐리스와 결혼한 후 이곳에서 30년을 살았던 작가는 후손들을 위해 15개의 농장과 4,000에이커(약 4,896,000평)의 아름다운 자연을 사회에 기부했다. 이 땅들은 주변의 소작농들에 맡겨져 관리되고 있다고 하니 훼손되지 않은 아름다운 자연을 누릴 수 있는 영국인들은 그야말로 축복받은 사람들이다.

비어트릭스 포터 마을에 더 머물고 싶은 마음에 장기 민박을 알아봤지만 구하기가 쉽지 않아 마음을 접고 떠나려니 아쉬움이 밀려왔다. 남편의 변호사 사무실에 유품을 정리해놓은 비어트릭스 포터 뮤지엄이 있는 호크스헤드 시내로 향했다. 호스텔 앞에서 20분 정도 걸어가야 했지만 배낭의 무게가 느껴지지 않을 정도로 아름다운 경관에 심취했던 나의 가슴은 미래에 대한 꿈으로 충만했다.

걷고 있는 길 위에서 목적지를 발견하다
미국 멤피스

용감한 한국 친구를 위하여!

미국 여행 63일째 되는 2018년 4월 23일부터 3일 동안 뉴올리언스에서 소설가 앤 라이스와 가수이자 트럼펫연주가 루이 암스트롱의 흔적 찾기를 했다. 뉴올리언스는 매년 2월 1,000만여 명의 관광객들이 몰린다는 마르디 그라(Mardi Gras, 부활절이 되기 전 40일간 사순절이 시작되기 전날부터 열리는 기독교 축제) 축제가 유명하지만 4월 27일부터 열리는 대규모 재즈 페스티벌도 유명하다.

다음날 멤피스로 떠나야 하는 일정으로 재즈 발상지에서 열리는 페스티벌을 볼 수 없어 약간 아쉬웠지만 길거리 재즈 공연으로 이미 축제를 즐긴 셈이니 나름 만족한다. '마지막 밤을 만끽하자!'라는 생각으로 부르봉(Bourbon) 거리에 있는 뮤지컬 레전드스(Musical Legends) 공원 야외 공연장으로 향했다.

"안녕하세요! 우리 같이 앉을래요?" 자리를 찾아 앉으려는데 한 여성이 자신의 옆자리를 내어준다. 콜린은 노스캐롤라이나(North Carolina) 샬럿

* 뉴올리언스 뮤지컬 레전드스 야외 공연장에서 나를 위해 노래를 부르는 재즈 가수 스팀보트 윌리

(Charlotte)에서 재즈 페스티벌을 즐기기 위해 왔다고 했다. 그녀의 쾌활한 성격 덕분에 우리는 금방 친해졌다.

"1년 동안 외국 여행을 하고 있는 용감한 한국 친구 지안을 위해 노래를 부를게요."

지역에서 활동하는 재즈 가수 스팀보트 윌리(Steamboat Willie)의 멘트와 함께 엘비스 프레슬리(Elvis Presley, 1935~1977)의 노래 <Can't Help Falling In Love>(1961)가 울려 퍼지자 사람들이 술잔을 높이 들고 "브라보!"를 외쳤다.

내일 엘비스 프레슬리의 고향 멤피스로 떠난다는 내 말을 들은 콜린이 스팀보트에게 부탁하여 즉석에서 이루어진 이벤트였다. 스팀보트의 멋진 트럼펫 연주와 노래는 내게 감동을 안겨주었다. 콜린은 재즈의 고향에서 내가 만난 최고의 행운이었다.

멋지게 해내고 있어!

아침 일찍 일어나 어젯밤 콜린이 챙겨준 베네(Beignets, 뉴올리언스에서 유명한 튀김 빵)로 요기를 한 후 8시 숙소를 나서려는데 비가 내린다. 우비를 단단히 챙겨 입고 두 번의 전철을 갈아타고 도착한 암트랙에서 멤피스로 가는 기차를 탈 수 있었다. 휴스턴(Houston)에서 뉴올리언스(New Orleans)로 가는 버스가 장시간 연착이 된 데다 수시로 정거장에 멈춰 서는 통에 마음 졸였던 때가 떠올라 자리를 잡고 앉은 후에야 긴장감이 풀어진다.

배우자에게 입맞춤을 하며 즐겁게 얘기하는 세 쌍의 노부부의 모습이 눈에 들어왔다. 그들의 아름다운 모습이 부러워 한참을 바라본다. 꿈만 꾸다가 잃어버린 남편과 나의 노년의 모습을 상상하자니 밀물처럼 밀려오는 슬픔이 울컥하게 했다. 그때 나의 슬픔을 깨뜨려준 콜린의 메시지가 왔다. "지안, 당신은 멋지고 굉장했어요. 지난밤에 함께할 수 있어서 기뻤어요. 당신의 안전한 여행을 기도해요. 연락해요!"

'그래, 나는 지금 멋지게 해내고 있는 거야. 즐겁게 걸어가자. 내가 찾아 걷고 있는 이 길 끝에서 내가 바라는 목적지를 발견할 수 있을 테니까.'

엘비스 프레슬리의 노래를 듣고 있노라니 그를 만날 내일에 대한 기대로 가슴이 설렌다.

위대한 역사

9시간 30분 만에 멤피스역에 도착했다. 역에서 에어비앤비 숙소까지 1시간 이상 버스를 타고 밤 9시가 넘어서야 숙소에 도착한 탓에 다음날 아침에 일어나니 몸이 뻐근하다. 전날 밤 숙소를 찾아오면서 시내에서 다소 먼

* 그레이스랜드 엘비스 저택과 거실. 화려한 장식품들은 엘비스가 순회공연을 다닐 때 구입한 것들이라고 한다. 2층으로 올라가면 엘비스의 침실이 있다. 보존을 위해 대중에게 공개되지 않고 있다.

* 엘비스가 가장 좋아했던 정글 룸. 친구들과 가족이 편안한 시간을 보내는 공간이기도 했지만 곡을 녹음하기도 했던 공간이다.
* 엘비스의 TV룸. 엘비스는 3대의 TV를 두고 방송을 놓치지 않고 동시에 봤는데 당시에는 방송국이 3개밖에 없었다고 한다.

곳에 숙소를 정한 것이 후회가 되었지만 버스를 타러 나가는 아침, 조용하고 한적한 주택가 마을은 평화로운 여유를 준다.

엘비스 하우스까지는 약 17킬로미터의 거리다. 1시간 이상 버스를 타고 도착한 '그레이스랜드(Graceland)'. 엘비스가 사용했던 항공기와 자동차, 오토바이 박물관과 쇼핑센터, 호텔, 레스토랑 등에는 이미 관람객들로 붐볐다. 해마다 60만 명 이상의 방문객이 찾아온다는 엘비스의 집은 백악관에 이어 미국에서 가장 유명한 집으로 알려져 있으며 2006년부터 국가 역사 랜드마크로 지정되었다니 미국 음악사에서 그가 얼마나 큰 영향을 미친 인물인지를 보여 주는 증거이리라.

1939년에 지어진 저택은 지하 1층, 지상 2층으로 되어 있으며 엘비스는 1957년부터 1977년 약물 중독으로 세상을 떠나기 전까지 이 저택에서 살았다. 부모님과의 역사, 아내 프리실라와 딸 리사와의 단란했던 시절, 상패와 앨범, 무대 의상 및 개인 소지품, 음악실 등 로큰롤(1950년대에 미국에서

* 엘비스 전용 비행기

발생한 대중음악)의 황제 엘비스 프레슬리의 역사가 숨 쉬고 있는 집은 그의 인기만큼이나 화려했다.

그는 가족 및 친구들과 집에서 시간을 보내는 것을 즐겼다고 한다. 오락실부터 테니스장과 당구장, 승마장까지 완벽하게 갖추고 있어 그만의 세상을 보는 듯했다. 짧았던 활동 기간(약 20년) 동안 그가 남긴 방대한 흔적을 보면서 엘비스 프레슬리의 위대한 음악 세계를 상상할 수 있었다. <Love Me Tender>(1956)를 따라 부르던 학창시절을 떠올리며 저택에서 나와 메디테이션 가든(Meditation Garden)으로 향했다.

슬픔 대신 축복을

메디테이션 가든에 눈부신 햇살이 내려앉아 있는 덕분일까. 예수 상과 작은 분수가 있는 곳, 엘비스가 가족과 함께 잠들어 있는 정원은 평화롭다.

"그는 신이 주신 재능을 가졌고 살아 있는 전설이 되었다. 신은 그가 휴식이 필요하다는 것을 알고 그를 불렀다." 엘비스 프레슬리의 삶과 죽음이 공존하는 곳, 그의 묘에 새겨진 글을 읽으면서 남편을 생각했다. 사람들은 "신이 착한 그가 필요해서 일찍 데려간 것이니 슬퍼하지 말라"라며 나를 위로하곤 한다. 신이 우리에게 생명을 준 것이므로 생명을 앗아가는 것 또한 신이 하는 일이라고 말하는 것인가. 살아 있는 모든 것이 신의 뜻대로 시작되고 신의 뜻대로 끝을 맺는다는 생명의 법칙을 아직은 이해하고 받아들이기에 역부족인가 보다. 언젠가 내게도 삶과 죽음의 법칙을 자연스럽게 받아들여 마음의 평화가 찾아오리라는 희망을 품는다. 엘비스 프레슬리의 안식을 기원하며 따뜻한 햇살 아래 오랜 시간 그 곁에 앉아 있었다.

"슬픔보다는 고통을 끝낸 나를 축복해주기를……." 남편이 남긴 유언을 생각했다. 삶을 견뎌낼 수 없을 만큼 무서웠을 고통의 무게가 느껴지는 듯하다. 내가 남편의 안식을 축복해주어야 함을 서서히 받아들일 수 있을 때 내 삶도 축복되리라.

소리 없이 다가오는 것들

미국 키웨스트

No! 나는 버스를 기다릴 거야

애틀랜타(Atlanta)에서 소설가 마가렛 미첼 하우스를 방문한 나는 미국을 여행한 지 73일째 되는 2018년 5월 3일, 애틀랜타 국제공항에서 국내선을 타고 마이애미(Miami) 공항에서 내렸다. 키웨스트행 비행기를 탑승하는 곳으로 가기 위해 두리번거리는데 같은 비행기에 탑승했던 중년 여성이 다가왔다.

“어디 가는 비행기를 타려는 거죠? 내가 도와줄게요.” 이번에도 도움의 손이 ‘짠!’ 하고 나타났다. 트레인을 타는 2층까지 동행해준 그녀는 네 번째 정거장에서 내리라고 친절하게 설명한 후 손을 흔들어주고 간다.

어젯밤 꿈에서 엄마의 미소를 본 덕분인가. 꿈에 엄마나 아버지, 남편의 미소를 보는 날에는 기적처럼 보이지 않는 어떤 손이 도움을 주기 위해 다가온다. 순조로운 키웨스트행이 될 것 같은 기분 좋은 예감에 몸도 마음도 가볍다.

마이애미에서 탑승한 지 1시간 만에 키웨스트 공항에 도착했다. 안내원에게 시내로 들어가는 버스를 물었으나 택시나 우버를 타야 한단다. 여행객들도 모두 택시나 우버를 이용하는 듯하다. 택시 기사가 다가와 이곳은 버스가 없으니 택시를 타란다. "노! 저는 버스를 기다릴 거예요."

'버스가 없을 리가 없지. 기다려보는 거야.' 느긋하게 1시간 이상을 기다렸을까? 버스가 온다. 약 18달러는 지불해야 되는 택시 대신 2달러의 버스를 타고 시내 구석구석을 볼 수 있었으니 횡재를 한 느낌이다. 역시 공항에서 택시 기사들의 말을 무조건 믿으면 안 된다.

헤밍웨이는 살아 있다

체크인을 하고 호스텔에서 약 1킬로미터 거리에 있는 어니스트 헤밍웨이(Ernest Hemingway, 1899~1961)의 단골집 '슬로피 조스 바(Sloppy Joe's Bar)'로 직행한다. 어둠이 내리기 시작한 듀발(Duval) 거리에 있는 바들은 사람들로 북적이기 시작한다. 바 안은 음악 소리와 춤추는 사람들의 열기로 가득하다. 대부분 나이가 있는 사람들이 모여였는데 이질적이지 않고 정겨운 분위기가 마음을 편하게 만들어준다.

무대 바로 옆에 겨우 자리를 잡고 앉아 헤밍웨이가 자주 먹었다는 오리지널 샌드위치와 생맥주를 주문한 후 바 안을 둘러본다. 헤밍웨이에 관한 사진들로 가득한 벽 한 곳에 《노인과 바다》에서 노인 산티아고와 이틀간 사투를 벌였던 대어를 닮은 119파운드(약 54kg) 돛새치 곁에서 웃고 있는 젊은 헤밍웨이 사진이 눈길을 끈다.

"많이 잃었지만 많이 얻었다. 한편으로 당했지만 진 것 같지는 않아." 영화 〈노인과 바다〉(1958)에서 노인으로 분한 앤서니 퀸이 했던 대사와 그

* 슬로피 조스 바에 걸려 있는, 119파운드(약 54kg) 돛새치 곁에서 웃고 있는 젊은 헤밍웨이 사진

의 표정이 자연스럽게 떠올랐다.

1917년에 지어진 건물에 쿠바 스타일로 꾸민 슬로피 조스 바는 헤밍웨이가 키웨스트를 떠나기 전인 1939년까지 작가의 삶이 질펀하게 녹아 있는 곳이었다. 원래 이곳의 이름은 '실버 슬리퍼(Silver Slipper)'였는데, 헤밍웨이에 의해 지금의 이름이 되었다고 한다(얼음이 녹아 바닥이 항상 질퍽하게 젖어 있었기 때문). 작가와 바를 공동으로 소유하던 조 루셀(Joe Russell)은 12년 동안 헤밍웨이의 보트 조종사이자 낚시 동반자였다고 한다. 헤밍웨이는 조를 자신의 첫 번째 사회소설 《가진 자와 못 가진 자(To Have and Have Not)》(1937)에서 선장 프레디(Freddy)로 등장시킨다. 벽을 가득 메운 작가에 관한 에피소드를 읽으니 마치 자서전을 읽는 기분이다.

매년 7월 중순에는 단편 소설 대회와 헤밍웨이를 닮은 사람 찾기 대회를 열어 수염 난 남자들로 넘쳐난다니 이 흥미로운 대회는 헤밍웨이가 여전히 키웨스트섬에 살고 있음을 입증하는 것이리라. 육신은 죽었어도 작가의 영혼은 작품을 통해 살아서 수많은 사람들 곁에서 숨을 쉬고 있으니 이보다 더한 영광이 어디 있을까.

다가오는 것들

화이트헤드(Whitehead) 거리에 있는 헤밍웨이 하우스를 방문했다. 열대 식물들로 가득한 정원 안으로 들어서자 연노랑 2층 건물 주변을 어슬렁거리는 고양이들이 유독 눈에 들어온다. 1851년 해양건축가에 의해 지어진 이 집에서 헤밍웨이는 1931년부터 두 번째 부인 폴린(Pauline)과 두 아들을 데리고 함께 살았다. 작가의 소설로 제작된 영화 포스터들과 쿠바에서의 생활, 연인들 사진 등으로 가득한 프랑스 가구들로 장식한 거실에서부터 작가가 즐겨 읽던 책과 저술한 원본들, 개인사를 엿볼 수 있는 다이닝룸까지 61년간의 생애 동안 인생을 가득 채우며 살았던 작가의 삶은 그야말로 한 편의 영화였다.

안방으로 들어서자 침대 위에 고양이 두 마리가 몸을 동그랗게 말고 평화롭게 잠들어 있다. 이곳에선 고양이가 특별한 존재인 듯했다. 가이드의 말에 의하면 슬로피 조스 바에서 만난 스탠리 덱스터(Stanley Dexter, 매사추세츠에서 온 난파 구조선 선장)가 가져다준 발가락 6개 고양이들은 조상 대대로 정기 검진과 보호를 받으며 이 집에서 살고 있다고 했다. 작가는 고양이들에게 일일이 유명한 친구들의 이름을 붙여주었는데, 정원 한쪽에 있는 고양이 무덤에서 이름들을 볼 수 있다.

작가에게서 느껴지는 강한 이미지에서는 상상하기 어려운 고양이들을 사랑한 따뜻한 마음이 느껴진 탓일까. 전혀 예상하지 못한 작가의 성품에

* 헤밍웨이 집필실. 작가가 사용할 당시 모습 그대로 보존되고 있다. 나는 작가의 집필실 앞에서 노인 산티아고의 삶과의 투쟁과 헤밍웨이의 자살을 생각했다.

* 침대 위에서 똬리를 틀고 고요히 잠든 고양이들. 침대 헤드가 스페인 수도원 문이다. "고양이 한 마리는 또 한 마리를 데려온다"는 말을 남긴 헤밍웨이는 생전에 20여 마리의 고양이를 길렀는데 발가락 6개를 가진 고양이를 '6개 발가락 공주님'이라고 불렀다고 한다. 고양이에 대한 작가의 사랑이 어떠했는지를 알 수 있는 에피소드다. 현재 60여 마리의 고양이가 작가의 집에서 살고 있는데 다지증 고양이는 '헤밍웨이 고양이'로 불린다고 한다.

* 정원 한 편에 있는 고양이들의 묘지. 대대로 이 집에 살다가 죽은 수십 마리의 고양이들이 묻혀 있다.

대한 새로운 일화가 가슴을 따뜻하게 한다. 물품 저장용 건물 2층에 자리한 작가의 작업실로 이동을 했다. 헤밍웨이는 매일 아침 침실에서 나오자마자 작업실로 건너가 글을 썼다고 한다. 작가가 아끼던 타자기, 쿠바에서 가져온 의자, 기념품들이 작가가 살았을 당시 모습 그대로 놓여 있다. 이 집필실에서 작가는 스페인 투우에 관한 이야기 《오후의 죽음》(1932), 아프리카 사파리 사냥을 그린 소설 《아프리카의 푸른 언덕》(1935), 사회소설 《가진 자와 못 가진 자》(1937), 스페인 내전을 그린 《누구를 위하여 종은 울리나》(1940) 외에도 많은 단편들을 탄생시켰다고 한다.

"인간은 결국 죽음에 의해 패하지만 살아 있는 한 극복하고자 하는 강한 용기로 죽음과 맞서 싸우며 살아가는 것이 인간이 가지게 되는 존엄성이다"라고 말하는 《노인과 바다》를 생각했다. 포기하고 싶을 때 떠올리며 나를 다지게 되는 작품이다. 상어와 사투를 벌여 자신을 지켜낸 노인과는 상반된 자살이라는 이율배반적인 선택을 했던 작가를 어떤 시각으로 봐야 하는 것일까?

작가의 흔적이 고스란히 남아 있는 책상과 타자기와 의자 위를 오가며 자연스럽게 놀던 고양이가 곁으로 다가와 몸을 비벼댈 때까지 집필실 앞에서 아주 오랜 시간 생각하며 머물게 되었다.

키웨스트에서는 처음으로 개인 주택 안에 지어진 수영장, 작가가 고양이들을 위해 특별히 제작한 분수대, 대대로 죽은 고양이들의 무덤 등 에피소드들이 전설로 살아 있는 열대 나무들이 우거진 정원을 거닐면서, 내게 소리 없이 다가오는 것들에 대해 계속 생각했다.

헤르만 헤세의 고통으로부터의 치유
독일 칼브, 마울브론

머무르고 싶은 곳

2019년 6월 14일부터 24일 동안 음악가 바흐, 슈만과 클라라, 멘델스존, 리스트, 철학자 니체, 소설가 괴테, 시인 프리드리히 실러 등의 흔적 찾기를 하며 보냈다. 7월 6일 프랑크푸르트에서 소도시 칼브(Calw)로 이동한 나는 나골트(Nagold)강을 끼고 즐비하게 들어선 예쁜 집들에 마음을 빼앗겼다. 1945년 제2차 세계대전 당시 강제수용소 분소가 설치되어 여성 유대인들이 항공기부품을 만드는 데 동원되었지만 공습으로 인한 파괴는 거의 없었다고 하니 칼브의 예쁜 집들은 옛 모습 그대로 보존되고 있는 것이다.

호스트 크리스티안의 배려로 오전 11시에 체크인을 하고 헤세의 생가와 박물관을 방문하기 위해 숙소를 나섰다. 시장 광장으로 향하는 길, 나골트강을 가로지르는 니콜라우스 다리(Nikolausbrücke) 위에는 1400년경에 세워진 니콜라우스 예배당과 모자를 든 실물 크기의 헤르만 헤세(Hermann Hesse, 1877~1962) 동상이 있다. 노벨문학상 수상자 헤르만 헤세를

* 칼브 정경

기리기 위해서 시(市)에서 작가의 동상과 다리 근처에 작가의 이름을 붙인 분수를 헌정한 것이라고 한다.

"이곳은 내가 마을에서 가장 좋아하는 장소다. 이곳에 다시 돌아온다면 이 다리에서 오래 머무르고 싶다."

청동에 새겨진 헤세의 글이다. 작품 속에 등장하는 칼브를 생각하고 있으면, 이곳은 헤르만 헤세를 예술가로 형성한 뿌리라는 생각을 하게 된다. 전쟁을 반대하여 조국의 비난을 받아 스위스로 망명하여 평생을 살았던 작가에게 칼브는 그리움의 대상이자 마음의 안식처였으리라. 다리 위에 선 채 아름다운 칼브 풍광을 바라보며 유년을 생각하고 있는 듯한 노년의 헤세 모습이 인상적이다.

내 아버지처럼 느껴지는 노작가의 얼굴을 올려다보며 내 유년의 추억이 묻어있는 장소를 생각했다. 어린 시절을 살아낸 나의 고향은 애를 쓴다고 해서 기억되는 곳이 아니라 내 인식 속에서 성장하는 모습과 함께 자연스럽게 입력되어 있는 곳임을 생각했다.

시장 광장을 지나면 포스트 거리(Postgasse)에 헤르만 헤세 박물관이 있다. 헤세가 태어난 집에서 2분 거리에 있는 이 건물은 1831년에 궁정 건축가에 의해 지어졌으며 1990년부터 시에서 헤세에게 헌정하면서 박물관이 되었다.

시청 맞은편에 자리하고 있는 헤세 생가에는 그가 태어났다는 설명이 새겨진 동판만 있을 뿐 내부를 볼 수 없어 아쉬웠지만, 박물관에 있는 9개의 방에는 헤세의 생애부터 시와 소설, 편지 등이 전시되어 있어 작가의 삶과 작품 세계를 자세하게 들여다볼 수 있었다. 작가의 어린 시절 전시관을 둘러보면서 '작가에게 칼브는 운명이었으리라'는 생각이 들었다. 작가는 그림과 글로 칼브 마을의 아름다움을 묘사했으며 자신이 아는 모든 것 중 가장 아름다운 마을은 나골트강에 있는 작고 오래된 숲 속의 마을이었음을 말하고 있다.

나는 작가가 청소년 시절 자살을 시도했던 내용이 전시된 쇼케이스 앞에서 작가의 자전적 소설 《수레바퀴 아래서》(1906)의 한스 기벤라트가 겪었던 삶에 대한 방황과 고통이 자연스럽게 떠올랐다. 어른들이 짜놓은 인생의 틀 안에서 공부에만 집중해야 했던 명문 신학교에서의 생활에 적응하지 못하고 방황했을 작가와 한스의 좌절이 그곳에 있었다.

50편이 넘는 소설과 600여 편의 시를 쓴 작가의 문학적 뿌리는 모두 이곳 칼브였음이 확실했다. 시인과 소설가로만 알고 있었던 작가가 내 마음을 사로잡은 것은 40세부터 그림을 그렸다는 사실이다. 작가는 전쟁과 아내의 정신병, 중병을 앓게 된 아들 등 자신이 감내해야 했던 상처와 고통을 치유하기 위해서 그림을 그리기 시작했다고 한다. 주로 자연을 그렸

* 니콜라우스 다리 위에 모자를 든 헤르만 헤세의 실물 크기의 동상. 칼브의 아름다운 경치를 바라보며 유년 시절을 생각하고 있는 듯한 모습이 인상적이다.

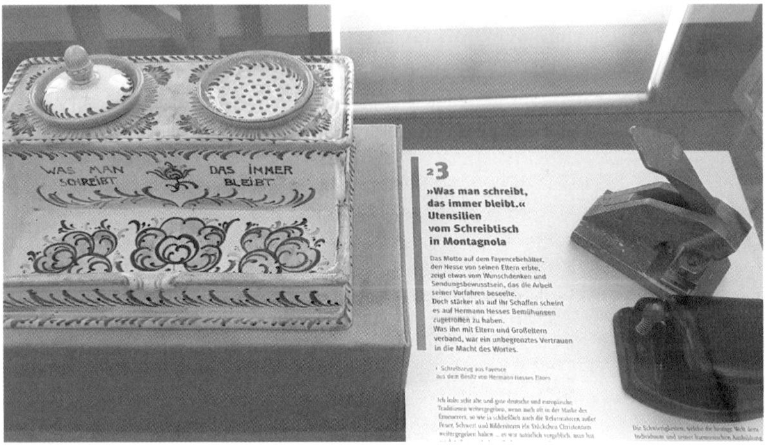

* 부모로부터 물려받은 책상 위 도자기 문구류. "Was man shreibt, das immer bleibt(무엇을 쓸까, 그것은 항상 남아 있다)"가 새겨져 있다.

던 작가는 일찍이 글 속에 삽화를 그려 넣기도 했으며 대체적으로 그림들은 형식에 얽매이지 않고 자신의 감정을 그대로 담아내 따뜻함이 느껴졌다.

"펜과 붓으로 작품을 창조해내는 것은 내게 포도주와도 같아서 그것에 취한 상태가 삶을 견뎌낼 수 있을 정도로 따스하고 아름답게 만들어준다."

오스트리아 시인 프란츠 카를 긴츠카이(Franz Karl Ginzkey, 1871~1963)에게 보낸 편지(1920)에서 작가는 이렇게 썼다. 자신에게 닥친 가장 고통스러웠던 시기에 위로하고 구원해주었던 것은 글과 그림이었음을 짐작하게 하는 편지다.

남편의 오랜 투병 생활로 붓을 놓았던 내게 자신이 떠난 후 다시 그림 그리기를 간곡히 바랐던 유언이 떠올라 울컥한다. 남편은 나의 상처도 그

* 헤르만 헤세의 책 《Freude am Garten(정원에서 보내는 시간)》. 작가는 정원을 가꾸는 일을 즐겼다.

* 헤르만 헤세 그림 도구들과 그림을 그리는 작가의 모습

림과 글로 치유하고 회복되기를 바랐음을 깨닫는 순간 나의 노년의 삶이 분명하게 그려지기 시작한다.

작가가 남긴 많은 편지들 앞에서 남편이 유산으로 남긴 편지들을 생각한다. 젊음의 방황과 고통, 사랑, 그리움으로 점철되었던 남편의 청춘에 대한 편지가 어쩌면 내 노년의 삶을 풍요롭게 해주리라.

마음의 문을 열어라

밤새 천둥과 번개가 치고 폭우가 내렸지만 7월 8일 칼브의 아침은 산뜻하고 청명했다. 오전 헤세의 어린 시절 흔적들이 스민 라틴 학교와 놀이터, 헤세의 길을 산책하며 작가의 시들을 음미하는 시간을 보낸 후 버스를 타고 포르츠하임(Pforzheim)을 거쳐 1시간 만에 마울브론(Maulbronn)에 도착했다. 에어비앤비로 예약한 안나의 집에서 체크인을 하고 수도원으로 향했다.

한적하고 조용한 마을을 걸어 도착한 마울브론 수도원은 유럽에서 가장 잘 보존된 중세 수도원 단지로 12세기 중엽부터 16세기까지 오랜 시간 동안 건설되었으며, 마치 요새처럼 두터운 성벽으로 마을과 분리되어 있었다. 안으로 들어서자 14세 때 입학하여 7개월 만에 자퇴한 헤르만 헤세의 자전적 소설 《수레바퀴 아래서》와 한 인간으로 완성되어가는 과정을 그린 소설 《나르치스와 골드문트(지와 사랑)》(1930)에서 작가가 아름답게 묘사한 수도원의 풍광이 한눈에 들어온다. 울창한 나무들 사이사이에 들어선 예배당과 강당, 식당, 저장고, 숙소, 제분소, 진료소, 대장간까지 총 300여 명의 수도사들이 자급자족할 수 있도록 모든 시설이 완벽하

* 마울브론 수도원. 헤세의 소설 《나르치스와 골드문트》과 《수레바퀴 아래서》의 배경이 된 곳이다.

게 갖추어져 있어 외부와 철저하게 단절되었을 수도원의 삶이 자연스럽게 상상되어졌다. 기숙신학교에서의 생활과 교육은 수도사들의 생활과 별반 다르지 않았으리라. 작가가 《수레바퀴 아래서》를 통해 비판하고자 했던 것은 인간의 의지와 창의성이 억압받는 교육이었음을 떠올렸다.

나는 수도원 곳곳을 거닐며 소년 골드문트에게 "너 자신이 돼라!"고 했던 젊은 수도사 나르치스의 말의 의미를 생각했다. 이 방랑 끝에서 나는 '진정으로 나다운 모습'을 발견하게 될 수 있을까? 고독과 고립이 느껴지는 이 수도원에서 철저하게 오랜 시간 마음의 문을 닫고 나 자신을 가두고 살았던 순간들과 마주한다. 나의 미래는 '마음의 빗장을 걷어내고 문을 활짝 열어 외부와 마주하여 나의 세계를 발견'하게 됨으로써 조금씩 성장해가리라.

헤세와 같은 가치관을 가지고 살아가고 싶다. 글을 쓰고 그림을 그리면서 상실의 아픔을 아름답게 승화시켜 가리라. 남편이 바라던 바대로 살아가는 것이 나를 위한 일이며 그와의 약속임을 깨닫게 된 것이 너무 늦지 않았기를. 나를 내려다보며 빙그레 미소 짓는 남편의 얼굴이 떠오른다.

진정한 사랑을 노래하다
아일랜드 슬라이고, 골웨이

시의 원천(源泉)

2019년 9월 10일부터 15일 동안 더블린(Dublin)에서 머물면서 소설가 제임스 조이스와 오스카 와일드의 흔적을 찾아보고 9월 25일 슬라이고(Sligo)로 이동을 했다. 버스로 약 4시간 만에 도착한 슬라이고 버스터미널에서 호스텔을 찾아 걸어가는 유니온(Union) 길, 아름다운 여인의 벽화가 눈에 띈다. 윌리엄 버틀러 예이츠(William Butler Yeats, 1865~1939)에게 시적 영감을 준 뮤즈이자 오랜 연인으로 알려져 있는 모드 곤(Maud Gonne, 아일랜드의 배우, 1866~1953)이다. 그 아래 예이츠가 모드 곤에게 바친 시 <그대 늙었을 때(When you are old)>가 적혀 있다. 스토리가 담긴 시를 번역하여 읽어내기 위해서 그 자리에 오랜 시간 멈춰 섰다.

"얼마나 많은 사람들이 그대의 미를 거짓으로 사랑했던가를 / 그러나 단 한 사람만이 / 세월 속에서 그대의 변해가는 모습까지도 사랑했음을……."

50살이 넘을 때까지 기회가 있을 때마다 청혼을 했으나 거절을 당했던

＊ 예이츠와 시인의 뮤즈, 모드 곤 벽화

예이츠의 모드 곤을 향한 진정한 사랑이 담긴 시가 가슴을 뜨겁게 했다. 모드 곤 벽화가 있는 곳에서 대각선으로 예이츠의 벽화가 있다. 예이츠의 많은 시들이 모드 곤에 대한 지속적인 사랑에서 영감을 받아 씌어졌다고 하니 예술의 원천은 뮤즈에서 비롯된다는 것을 다시 생각하게 된다.

예이츠 빌딩을 지나 가르보게(Garovgo)강을 가로지르는 다리를 건너자 얼스트(Ulster) 은행 앞에 독특한 모습의 예이츠의 동상이 발길을 멈추게 한다. "내 생애에서 나에게 가장 큰 영향을 준 곳은 슬라이고다"라고 했던 예이츠 사망 50주년을 기념하기 위해 1989년 아일랜드 조각가 로완 길레스피(Rowan Gillespie)에 의해 만들어진 조각에는 시인의 유명한 시들이 동상 전체에 빼곡히 새겨져 있다.

* 시인의 동상 전체에 예이츠의 유명한 시들이 빼곡하게 새겨져 있다.

더블린에서 태어났지만 슬라이고에서 유년기를 보낸 예이츠에게 이곳은 그리움의 대상이자 시의 원천이었으리라. 호스텔로 향하는 마음이 예이츠의 흔적들을 찾아다닐 다음 날에 대한 기대로 한껏 부푼다.

사랑이 물들다

호스텔에서 제공하는 아침을 간단히 먹고 숙소를 나서 전날 봐두었던 예이츠 빌딩으로 향했다. 시인이 살았던 집은 아니지만 1889년에 지어진 빌딩에 1958년 예이츠 박물관이 설립되었다. 입구에 들어서자 빨간색 글귀들이 눈에 띈다. 작가의 희곡 〈마음의 소망의 땅(The Land of Heart's Desire)〉 대사 구절들이다. 이곳에는 시인의 삶과 죽음, 작품뿐만 아니라 화가였던 동생 잭 버틀러 예이츠(Jack Butler Yeats)에 관한 자료들이 정리되어 있다.

예이츠의 시로 불러진 노래 〈버드나무 정원(Down By The Sally Gardens)〉(1895)에 관한 글 앞에서 음원을 검색하여 노래를 듣는다. 귀에 익숙한 고요하고 아름다운 멜로디의 노랫말이 예이츠의 시라는 것을 처음 알게 되었다. 빅토리아 시대 곡에 예이츠가 시를 붙여 만든 노래라고 한다. 〈방랑하는 잉거스의 노래(The Song of Wandering Angus)〉 마지막 부분이 적힌 시 앞에서 영화 〈메디슨 카운티의 다리〉에서 로버트 킨케이드(배우 클린트 이스트우드)가 프란체스카 존슨(배우 메릴 스트리프) 앞에서 읊조리던 대사가 떠올랐다. "달님의 은빛 사과들을 / 해님의 금빛 사과들을." 두 사람의 만남을 앞으로 나아가게 하는 계기가 되게 한 것은 예이츠의 시였음이다. 어쩌면 〈방랑하는 잉거스의 노래〉는 예이츠가 평생 사랑했던 여인 모드 곤을 향한 사랑의 고백은 아니었을까?

예이츠의 시들로 벽을 가득 메운 1층 카페에서 따뜻한 카푸치노를 앞에 두고 앉는다. "당신, 하루에 열 번 웃기. 비록 빈 웃음이라도 거듭되면 새로움이 찾아온단다." 아름다운 이미지들을 떠올리며 예이츠의 시들을 읽으면서 내 온 마음을 물들였던 남편이 유산으로 남긴 편지의 한 문장을 생각했다. '그래, 웃자!'

마음으로 잡는 무지개

이니스프리 호도에 가기 위해 버스와 배 투어를 해야 되는데 비가 내리다 해가 뜨기를 반복한다. 망설여졌지만 대중교통으로는 갈 수 없는 곳이니 투어하기로 결정한다.

버스를 타고 처음 들른 곳은 예이츠의 묘가 있는 벤 불벤(Ben Bulben, 평평한 바위층) 자락에 위치한 드럼클리프(Drumcliff) 교회다. 입구에 들어서자 비가 내려 번들거리는 바닥에 새겨진 글자가 눈에 띈다. 가이드 존 할아버지가 예이츠의 시 〈하늘의 융단〉이 새겨져 있다고 설명하며 시를 읊어준다.

"나는 가난하여 / 가진 것이 꿈뿐이라 / 내 꿈을 그대 발밑에 깔았습니다. / 사뿐히 밟으소서… / 그대 밟는 건 내 꿈이오니"

영화 〈이퀼리브리엄〉에서 독재자의 감정말살 정책이라는 통제에서 벗어나 감정을 느끼기 시작한 에롤 패트리지(배우 숀 빈)가 읊던 대목이 떠올랐다.

예이츠의 묘로 향한다. "삶과 죽음에 / 차가운 눈길을 던져라, / 마부여, 지나가라" 시인이 직접 써두었다는 묘비명이라고 한다. 슬라이고 기근

* 〈이니스프리의 호도〉의 배경이 된 길 호수. 수시로 비가 내렸다가 멈추기를 반복했다.
* 글렌카 폭포는 많은 아일랜드 예술가들에게 영감을 주었는데 예이츠의 시 〈도둑맞은 아이〉는 이 폭포에서 영감을 받아 쓴 시다.

(飢饉) 비문에 예이츠가 남긴 글을 생각했다.

"죽은 자는 우리에게 멀리 떨어져 있지 않다. 우리 내면의 가장 고요하고 깊은 곳에 다른 방식으로 남아 있을 뿐이다." 남편은 상실된 것이 아니라 늘 내 가슴속에 살아 있음을 받아들이게 된다. 예이츠 글에 위로가 된 나는 주변에 핀 넝쿨 장미를 꺾어 묘비 위에 올려놓고 참배를 했다. 고개를 드니 묘지 너머로 무지개가 떠올라 있다. 아일랜드에서는 무지개가 선 곳에 금시계가 숨겨져 있다는 전설 이야기를 들으며 상처투성이 내 삶에 앉았던 딱지들이 떨어져나가고 있음을 느낀다. 언젠가는 그 자리에 새살이 희망처럼 차오르겠지.

녹음 우거진 숲의 몽환적 소재를 사용하여 아일랜드의 전통적 세계를 노래한 <도둑맞은 아이(The Stolen Child)>에 영감을 줬다는 글렌카 폭포(Glencar Waterfall)에 들른 후 이니스프리의 호도(湖島)로 향했다. 배를 타는 동안 비가 내렸다가 멈추기를 반복하면서 무지개가 수시로 섰다가 사라지기를 반복한다. 잔잔하게 흐르는 <버드나무 정원 아래서> 노래와 존 할아버지가 읊는 <이니스프리의 호도>가 빗물이 부딪치는 창문에 아롱진다.

시인이 사랑하고 그리워했던 이곳에 남편의 숨결 한 자락 놓는다. 함께 꾸었던 꿈! 남편은 이제 내 손으로 잡을 수 없는 무지개지만 내 마음으로 잡을 수 있는 무지개임을 깨닫는다.

시인의 또 다른 뮤즈

잭 버틀러 예이츠의 그림을 감상하고 예이츠 형제가 자주 찾아 시를 쓰고 그림을 그렸다는 로스즈 포인트(Rosses Point)를 다녀오는 등 슬라이고에서 6일을 머문 후 10월 1일 골웨이(Galway)로 이동했다. 예이츠에게 시적 영감을 준 투리 발리리 예이츠(Thoor Ballylee Yeats) 타워를 방문하기 위한 일정이다.

골웨이에서 예이츠 타워까지는 33킬로미터의 거리다. 버스를 타고 러프리아(Loughrea)까지 갔다가 심한 비바람으로 다시 돌아와야 했던 전날의 경험으로 순조롭게 예이츠 타워를 방문하게 되었다.

예이츠가 《켈트의 여명(The Celtic Twilight)》(1893)에서 타워와 주변 풍경을 묘사했던 것처럼 마치 요새와 같은 14세기에 세워진 타워 주변 풍광은 매우 아름답다. 1919년부터 1928년까지 시인은 이곳에 머물면서 나선

* 골웨이 정경

형 계단을 올라, 아치형 돌로 된 방에서 강물 흐르는 소리를 들으며 아름다운 시들을 썼으리라. 시집 《더 타워(The Tower)》(1928)와 《나선 계단(The Winding Stair)》(1933)은 이 탑에서 직접적인 영감을 받아 쓴 것이다. 동생인 화가 잭 버틀러를 비롯하여 당대 저명한 인물들의 문학적, 정치적 모임의 근거지가 되기도 했다는 타워는 강가 바로 옆에 자리하고 있어 겨울에는 습하여 여름에만 사용했다고는 하나 많은 스토리를 담고 있는 곳이었다.

백여 개가 넘는 나선형 계단을 올라 예이츠가 시를 쓰던 책상 앞에서 창문을 열고 아름다운 경치를 내려다보았다. 시인에게 또 다른 뮤즈가 되었던 '투리 발리리 예이츠 타워'의 아름다운 풍광을 눈과 가슴속에 복사했다.

'자연과 더불어 혼자 살아낼 노년의 삶을 두려워 말라.' 시인의 뮤즈가 내게 건넨 선물 같은 속삭임이었다.

완벽하지는 않지만 괜찮은 여행

홍일곤, 강영수 지음 | 13,800원

나이 드는 것이 즐겁다!
인생 2막, 죽을 때까지 재미있게 여행하며 사는 법

나이 들어서도 여행을 하며 즐겁게 사는 법을 알려주는 노부부의 여행 에세이다. 젊은이들이 꿈꾸는 삶을 살고 있는 홍일곤, 강영수 부부는 돈이 많아서 혹은 자식이 보내주는 돈으로 여행하는 것이 아니라, 70대의 나이에도 호텔을 직접 찾아 예약하고, 현지에서 시장을 가 식재료를 구하고 요리를 해 여행 경비를 절약해 세계 곳곳을 여행했다. 이들의 여행 이야기는 즐겁게 살기 위해 여행을 결심했으나 무엇부터 해야 할지 모르는 이들에게 여행 가이드북, 나아가 인생 가이드북이 되어줄 것이다.

비바 그레이

홍동수 지음 | 15,000원

다 큰 어른, 놀이에 빠지다!
인생의 절반은 지금까지보다 더 즐거워야 한다

이제는 젊은이들뿐만 아니라 시니어들을 위해서도 워라밸이 필요하다. '하고 싶은 일 망설이지 말고 저지르고 살자!'는 남다른 인생철학을 가진 저자가 '마음껏 놀기'에 익숙지 않은 시니어들을 위해 인생을 더욱 신나게 즐길 수 있는 취미를 소개한다. 패러글라이딩부터 산악자전거, 암벽등반, 승마, 인디밴드 등 동적인 취미부터 외국어 공부, 시 쓰기 등 정적인 취미까지 저자가 섭렵한 다양한 취미생활을 따라가다 보면 어느새 시니어들도 젊을 때와 다름없이 신나게 인생을 즐길 수 있다는 사실을 알게 될 것이다.